动漫·电脑艺术设计专业教学丛书暨高级培训教材

Illustrator Graphic Design and Practice
Illustrator 平面设计与实践

李化 王峰 马文娟 编著

中国建筑工业出版社

图书在版编目（CIP）数据

Illustrator平面设计与实践／李化，王峰，马文娟编著．—北京：中国建筑工业出版社，2010
（动漫·电脑艺术设计专业教学丛书暨高级培训教材）
ISBN 978-7-112-11727-7

I.I… II.①李… ②王… ③马… III.图形软件，Illustrator —技术培训—教材 IV.TP391.41

中国版本图书馆CIP数据核字（2010）第006615号

本书系统地为读者介绍了Illustrator软件的基础知识以及如何使用Illustrator软件进行各类商业设计。本书的第1章为读者介绍了Illustrator的基本概念以及基本操作；第2章讲解了工具箱中最重要的工具以及最重点的基本绘图工具的使用方法以及概念；第3章主要讲解了Illustrator中的颜色、色板、路径查找器等相关的知识；第4章讲解的是路径、混合与画笔和符号的知识与应用；第5章介绍的是渐变、图层与透明度和外观的知识与应用；第6章介绍的是文字工具与文本处理的相关知识与技巧；第7章是综合的实例演练，全面地为读者讲解了Illustrator的各类设计与表现的方法和制作技巧。

本书可作为高等院校专业教材，也可作为动漫专业的培训教材，还可供对本领域有兴趣的读者参考使用。

责任编辑：陈　桦　吕小勇
责任设计：赵明霞
责任校对：赵　颖

本书附配套素材，下载地址如下：
www.cabp.com.cn/td/cabp18978.rar

动漫·电脑艺术设计专业教学丛书暨高级培训教材
Illustrator 平面设计与实践
李化　王峰　马文娟　编著
＊
中国建筑工业出版社出版、发行（北京西郊百万庄）
各地新华书店、建筑书店经销
北京美光制版有限公司制版
北京中科印刷有限公司印刷
＊
开本：880×1230毫米　1/16　印张：13 1/2　字数：475千字
2010年3月第一版　2010年3月第一次印刷
定价：69.00元（附网络下载）
ISBN 978-7-112-11727-7
　　　（18978）

版权所有　翻印必究
如有印装质量问题，可寄本社退换
（邮政编码100037）

《动漫·电脑艺术设计专业教学丛书暨高级培训教材》编委会

编委会主任：徐恒亮

编委会副主任：张钟宪　李建生　杨志刚
　　　　　　　刘宗建　姜　娜　王　静

丛书主编：王　静

编委会委员：徐恒亮　张钟宪　李建生
　　　　　　杨志刚　刘宗建　姜　娜
　　　　　　王　静　于晓红　郭明珠
　　　　　　刘　涛　高吉和　胡民强
　　　　　　吕苗苗　何胜军　王雪莲
　　　　　　李　化　李若岩　孙莹飞
　　　　　　马文娟　马　飞　赵　迟
　　　　　　姚仲波

序

在知识经济迅猛发展的今天，动漫·艺术设计技术在知识经济发展中发挥着越来越重要的作用。社会、行业、企业对动漫·艺术设计人才的需求也与日俱增。如何培养满足企业需求的人才，是高等教育所面临的一个突出而又紧迫的问题。

我们这套系列教材就是为了适应行业企业需求，提高动漫·艺术设计专业人才实践能力和职业素养而编写的。从选题到选材，从内容到体例，都制定了统一的规范和要求。为了完成这一宏伟而又艰巨的任务，由中国建筑工业出版社有机结合了来自著名的美术院校及其他高等学校的艺术教育资源，共同形成一个综合性的教材编写委员会，这个委员会的成员功底扎实，技艺精湛，思想开放，勇于创新，在教育教学改革中认真践行了教育理念，做出了一定的成绩，取得了积极的成果。

这套教材的特点在于：

一、从学生出发。以学生为中心，发挥教师的主导作用，是这套教材的第一个基本出发点。从学生出发，就是实事求是地从学生的基本情况出发，从最一般的学生的接受能力、基础程度、心理特点出发，从最基本的原理及最基本的认识层面出发，构建丛书的知识体系和基本框架。这套教材在介绍基本理论、基本技能技法的主体部分时，突出理论为实践服务的新要求，力争在有限的课时内，让学生把必要的知识点、技能点理解好、掌握好，使基本知识变成基本技能。

二、从实用出发。着重体现教材的实用功能。动漫·艺术设计专业是技能性很强的专业，在该专业系统中，各门课程往往又有自身完整而庞大的体系，这就使学生难以在短期内靠自己完成知识和技能的整合。因此，这套教材强调实用技能和技术在学生未来工作中的实用效果，试图在理论知识与专业技能的结合点上重新组合，并力图达到完美的统一。

三、从实践出发。以就业为导向，强调能力本位的培养目标，是这套教材贯彻始终的基本思想。这套教材以同一职业领域的不同职业岗位为目标，以培养学生的岗位动手操作应用能力为核心，以发现问题、提出问题、分析问题、解决问题为基本思路。因此，各类高校和培训机构都可以根据自身教育教学内容的需要选用这套教材。

教育永远是一个变化的过程，我们这套教材也只是多年教学经验和新的教育理念相结合的一种总结和尝试，难免会有片面性和各种各样的不足，希望各位读者批评指正。

徐恒亮
北京汇佳职业学院院长，教授，中国职业教育百名杰出校长之一

前言

本书系统地为读者介绍了Illustrator的基础知识以及如何使用Illustrator软件进行各类商业设计。

本书的第1章为读者介绍了Illustrator的基本概念以及基本操作，为软件的操作打好基础。第2章讲解了工具箱中最重要的工具以及最重点的基本绘图工具的使用方法以及概念。并通过实例的学习来加强读者的软件基本功。第3章主要讲解了Illustrator中的颜色、色板相关的知识，使读者解决在设计制作中的色彩应用问题。特别是本章还介绍了路径查找器的应用，这是Illustrator中非常重要的图形修改、编辑工具。最终通过实例的讲解和练习让读者能较好地掌握与熟练应用。第4章讲解的是路径、混合与画笔和符号的知识与应用。本章中的路径与混合是相对比较重要的知识点，此外，画笔与符号也是常用的功能与命令。最后，通过实例的练习将这些知识加以巩固。第5章介绍的是渐变、图层与透明度和外观的知识与应用。这些内容是Illustrator中的基础却应用十分广泛的知识与技巧。掌握这些知识并配合其他绘图工具的使用就可以极大地提高制作的水平与效率。第6章介绍的是文字工具与文本处理的相关知识与技巧。掌握这些内容就可以使读者熟练地设计图文设计与排版的制作。第7章是综合的实例演练，精选了多个Illustrator典型应用案例，全面地为读者讲解了Illustrator的各类设计与表现的方法和制作技巧。使读者可以在较短的时间内全面地掌握并熟练应用Illustrator软件，进行随心所欲的商业与艺术作品的创作与表现。

书中给出了大量的提示和技巧，让读者在使用Adobe Illustrator的过程中效率更高。

本书在编写过程中，由于笔者的知识面有限，疏漏以及失误在所难免，诚请各方人士多提意见并加以指正，笔者在此表示衷心的感谢。

本书在编写的过程中十分有幸地得到了许多朋友、同事的热心帮助。在此特别要感谢的有张微微、王峰、马飞、孙莹飞、李杨、黄鑫、王国强、牟建良、杨君、赵迟，是这些人士的参与和帮助才使得本书能够顺利地完成。

李 化 李若岩 马文娟
2009年10月20日

目录

第1章　Illustrator CS3概述

1.1　位图与矢量图　/2

1.2　Illustrator CS3的工作界面　/4

1.3　文件的基本操作　/13

1.4　本章小结　/19

思考与练习　/19

第2章　基本绘图工具的使用

2.1　绘制基本线形　/22

2.2　绘制基本图形　/27

2.3　徒手绘图工具　/37

2.4　实例演练　/41

2.5　本章小结　/48

思考与练习　/48

第3章　颜色、色板与路径查找器

3.1　色彩的认识及管理　/50

3.2　路径查找器　/63

3.3　实时描摹　/68

3.4　实例演练　/72

3.5　本章小结　/84

思考与练习　/84

第4章　路径、混合与画笔和符号

4.1　路径的概念与编辑　/86

4.2　混合工具的概念与应用　/92

4.3　画笔工具的概念与应用　/96

4.4　符号的概念　/103

4.5　实例演练　/109

4.6　本章小结　/118

思考与练习　/118

第5章　渐变、图层与透明度和外观

5.1　渐变与渐变网格　/120

5.2　图层、透明度与外观　/127

5.3　实例演练　/141

5.4　本章小结　/153

思考与练习　/154

第6章　文字工具与文本处理

6.1　文字工具的应用　/156

6.2　文字的设置　/163

6.3　设置段落样式　/166

6.4　实例演练　/169

6.5　本章小结　/179

思考与练习　/180

第7章　综合实例演练

7.1　绘制卡通鸟类角色插画　/182

7.2　绘制儿童动画海报　/193

7.3　绘制ipod二维产品效果图　/201

7.4　本章小结　/205

主要参考文献

第 1 章

ILLustrator CS3

概 述

在现今众多的电脑绘图软件中，都不外乎可以按照位图绘图软件和矢量绘图软件进行分类。而Illustrator便是其中矢量绘图软件中的佼佼者。在具体学习Illustrator的操作之前，首先了解Illustrator的基本概念、各项工作界面是深入学习后面知识的重要基础。

本章学习重点与要点：

(1) 位图与矢量图的区别；

(2) Illustrator CS3的工作界面。

1.1 位图与矢量图

同位图软件相比矢量绘图软件拥有放大后不失真和文件格式小等特点。Illustrator软件可以支持文件放大640倍，而在此模式下仍然可以绘制出十分平滑的图形，自由地为作品添加细节。但对于位图而言，只要将原图放大几倍就可以很明显地看到马赛克的效果，此时，如果想对作品添加细节就只能增加文件的尺寸来绘制细节。

1.1.1 位图的概念

位图，又叫作点阵图或像素图，是由许多像小方块一样的"像素"组成的图形，如图1-1所示。由其位置与颜色值表示，能表现出颜色阴影的变化。每一个像素都有一个对应的颜色，所以一张图片所拥有的像素越多，颜色就越丰富，也就越能表达颜色的真实感。

位图的主要优点在于图像的整体表现力强、图像的层次丰富、色彩细腻、细节的表现力强。但缺点是图像在缩放和旋转时会失真（常见如放大后出现马赛克），如图1-2所示。同时文件较大，对内存和硬盘空间容量的需求也较高。位图图像广泛应用于数字照片和数字绘图图像中。

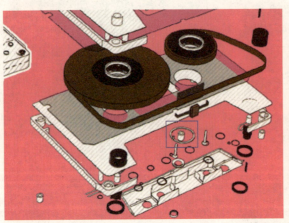

图1-1　普通的位图效果

图1-2　放大后的马赛克效果

1.1.2 矢量图的概念

矢量图又叫向量图，在数学上定义为一系列由线连接的点。矢量文件中的图形元素称为对象。每个对象都是一个自成一体的实体，它具有颜色、形状、轮廓、大小和屏幕位置等属性。矢量图是根据几何特性来绘制图形，可以是一个点或一条线，矢量图只能靠软件生成，文件占用内在空间较小，因为这种类型的图像文件包含独立的分离图像，可以自由、无限制地重新组合。

矢量图的特点是放大后图像不会失真，和分辨率无关，如图1-3、图1-4所示。文件占用空间较小，适用于图形设计(图1-5)、文字设计(图1-6)、标志设计(图1-7)、版式设计(图1-8)、插图设计(图1-9)、UI界面设计(图1-10)、网页设计(图1-11)。矢量图的缺点在于不能像位图那样制作出色彩丰富的图像，无法像位图那样轻松地绘制出色彩绚丽、真实、细腻的渐变效果。

图1-3　矢量图的效果

图1-4　矢量图放大后的效果

图1-5　图形设计作品

图1-6　文字设计作品

图1-7　标志设计作品

图1-8　版式设计作品

图1-9　插画设计作品

图1-10　UI界面设计

图1-11　网页设计作品

1.2 Illustrator CS3的工作界面

因为Illustrator的功能十分强大，所以在具体进行Illustrator的实际操作之前，首先要先来认识Illustrator的工作界面，为进一步的学习打好基础。首先读者将认识和学习Illustrator各个部分的操作环境，包括工具箱、命令菜单、各类控制面板等常用部分。具体地掌握它们的主要功能、名称及基本的使用方法。

1.2.1 工作界面概述

启动Illustrator软件后，进入到软件的操作界面，如图1-12所示。这时可以看到界面最上方的为菜单栏，位于界面左侧的为工具箱，位于最右侧的为控制面板，位于界面中央位置的是软件的欢迎屏幕。一般情况下可以使用鼠标点击【"打印"文档】选项，设置新建文档的尺寸及相关设置，如图1-13所示。然后就进入到正式的Illustrator工作界面，如图1-14所示，这时就可以看到位于画面中心位置的画板区域，还有界面最下方的状态栏。

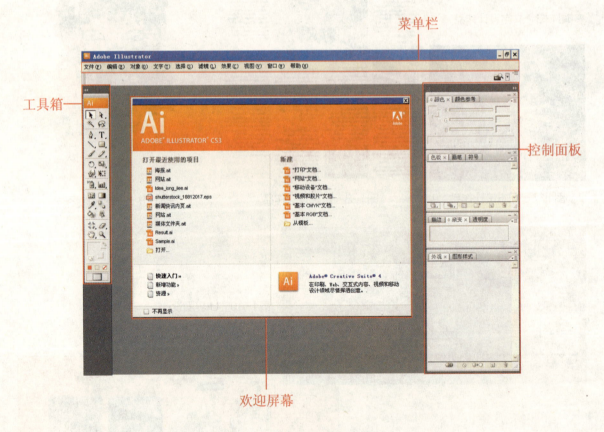

图1-12　Illustrator的工作界面

（1）菜单栏：菜单栏的各种命令是现实Illustrator主要功能的最基本操作方式。Illustrator CS3菜单栏中包括【文件】、【编辑】、【对象】、【文字】、【选择】、【滤镜】、【效果】、【视图】、【窗口】和【帮助】，共计10个菜单选项。单击菜单栏中的各个菜单名称就会出现相应的下拉菜单。

图1-13 欢迎屏幕

图1-14 画板与状态栏

（2）画板：画板就是Illustrator中最主要的工作区域，所有的图形绘制以及设计图稿都在这个区域完成。

（3）工具箱：工具箱中提供了Illustrator中最为常用的各类绘图工具。

（4）控制面板：可以帮助设置和修改各个菜单命令以及工具。

（5）欢迎屏幕：欢迎屏幕是一个十分方便的引导界面。大致分为4个部分。在欢迎屏幕左侧是【打开最近使用的项目】的选项。可以很方便地选择之前使用过的各个文件；右侧是【新建】选项，可以根据自己的需要选择相应的文件建立方式，同时还可以从Illustrator提供的各类模板中建立想要的文件。

（6）状态栏：显示当前缩放级别和关于下列主题之一的信息，包括当前使用的工具、日期和时间、可用的还原和重做次数、文档颜色配置文件或被管理文件的状态。

1.2.2 菜单栏的介绍

菜单栏是提供Illustrator各类命令的地方，在使用时选择相应的菜单栏下拉列表中的命令即可。如果该命令为浅灰色的话就意味着该命令不能执行。键盘右侧的键盘代号是该命令的键盘快捷键。使用键盘上的快捷键可以迅速执行命令，这将有助于极大地提高工作效率。

1) 文件菜单

菜单栏的第一个菜单就是文件菜单。菜单栏中的命令专管文件的打开、保存、置入、输出等有关的文件管理工作以及打印设置等功能，如图1-15所示。

2) 编辑菜单

编辑菜单中的各项命令，用于处理复制文件，选区以及定义图案等操作。此外Illustrator各项文件的参数设置预设也都在这个菜单中，如图1-16所示。

3) 对象菜单

对象菜单在Illustrator的菜单中是最重要也是最为复杂的。因为绝大多数的图形对象的管理、造型、运算以及特殊的绘图命令都在这一菜单之中。可以说检验对Illustrator应用程度的高低就要看对于这个菜单中各项命令的掌握情况，如图1-17所示。

4) 文字菜单

文字菜单中包括所有与文字处理相关的各项命令，例如字形、字体大小、段落设置等，都在这一菜单中。即使像是字符、段落两个主要文字控制面板也都放到了文字菜单之中，如图1-18所示。

图1-15　文件菜单栏　　图1-16　编辑菜单栏　　图1-17　对象菜单栏　　图1-18　文字菜单栏

5) 选择菜单

选择菜单，简单地说就是处理与选取相关的命令。同时也可以使用菜单中相应的快捷键来选取所希望选择到的对象。如相同的颜色、线条、样式或者是对象、文字、蒙版都可以在这个菜单中轻易地选取，如图1-19所示。

6) 滤镜菜单

滤镜菜单能帮助完成一些具有特殊要求的效果，其中可以分为矢量式造型特效命令，点阵式图像处理命令与色彩调整命令3大类。此外，如果在Illustrator中安装了其他的第三公司的滤镜的话，也会出现在这一菜单中，如图1-20所示。

7) 效果菜单

这个菜单可以对矢量图使用原本是以点阵图形为基础的各项Photoshop特效滤镜。最不可思议的是这些矢量图形在经过滤镜处理后，依旧可以使用矢量图形的方法编辑，如图1-21所示。

图1-19 选择菜单栏

图1-20 滤镜菜单栏

8) 视图菜单

视图菜单中的命令不会影响到处理中的图像，使用这些命令的最重要的目的是协助我们让图形工作更方便而顺利地进行，如图1-22所示。

9) 窗口菜单

窗口菜单除了可以显示与隐藏控制面板，调用各种数据库外，还可以打开多个文件，同时在文件间作切换的操作，如图1-23所示。

10) 帮助菜单

帮助菜单中主要提供了Illustrator的帮助文件，里面主要是官方提供给用户的学习信息，也是学习与了解Illustrator的一扇门户。其中还包括了Illustrator相关的注册、激活、更新等信息。同时要想启用欢迎屏幕也可以在这个菜单中开启，如图1-24所示。

图1-21 效果菜单栏

图1-22 视图菜单栏

图1-23 窗口菜单栏　　图1-24 帮助菜单栏

1.2.3 工具箱的介绍

Illustrator把最常用的工具都放置在工具箱中，在工具箱中的每一个按钮都代表着一个工具。使用鼠标点击想要的工具图标按钮，就代表着已经选择了这个工具。工具箱是将那些功能相似的工具归类组合在一起，如图1-25所示。在Illustrator CS3的版本中，还可以使用鼠标点击工具箱最上方的 按钮，将工具箱变为竖式单列的形式。事实上这是一种折叠式的设置，以避免占用太多的屏幕空间，如图1-26所示。如果工具右下角有一个三角形图标就意味着该工具还有隐藏的工具。想要调用该工具的其他工具就可以单击右下角的小三角形工具图标不放，这时隐藏的工具便会弹出来，如图1-27所示。

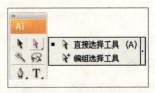

图1-25　工具箱　　图1-26　竖式单列工具箱　　图1-27　显示隐藏工具

在Illustrator的工具箱中，众多工具大致可以分为9类，分别为选择类工具，如图1-28所示；绘图类工具，如图1-29所示；文字类工具，如图1-30所示；上色类工具，如图1-31所示；变形类工具，如图1-32所示；符号类工具，如图1-33所示；图表类工具，如图1-34所示；切片和剪切类工具，如图1-35所示；移动和缩放类工具，如图1-36所示。

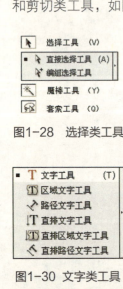

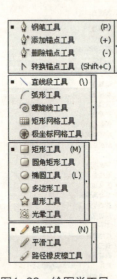

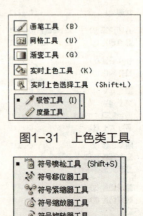

图1-31　上色类工具

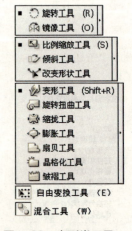

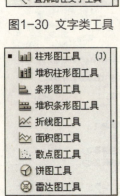

图1-30　文字类工具

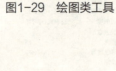

图1-29　绘图类工具

图1-33　符号类工具

图1-32　变形类工具

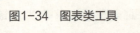

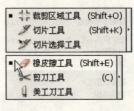

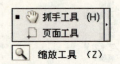

图1-34　图表类工具　　图1-35　切片和剪切类工具　　图1-36　移动和缩放类工具

在工具箱的底部为【填色】与【描边】的【拾色器】，如图1-37所示。使用鼠标双击可以弹出【拾色器】的对话框为当前的图形填充实色或者描绘图形轮廓的颜色。同时在工具箱的底部还有3种颜色模式按钮。单击 【颜色模式】按钮，可以对图形对象内部填充颜色或者沿着路径填充颜色，如图1-38所示。单击 【渐变模式】按钮，可以对图形对象内部填充渐变的颜色，如图1-39所示。单击 【无模式】按钮，是对当前的图形对象不添加任何的颜色或者渐变效果，如图1-40所示。

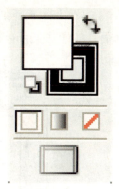

图1-37　【填色】与【描边】的【拾色器】

图1-38　填色与描边效果

图1-39　填充渐变颜色的效果　　　图1-40　无模式效果

在工具箱的最下面有4视图模式，使用鼠标单击 【更改屏幕模式】按钮，接着弹出屏幕模式列表，如图1-41所示。

(1)【最大屏幕模式】 ：在最大化窗口中显示图稿，菜单栏位于顶部，滚动条位于侧面，并且没有标题栏，如图1-42所示。

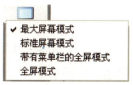

图1-41　屏幕模式列表

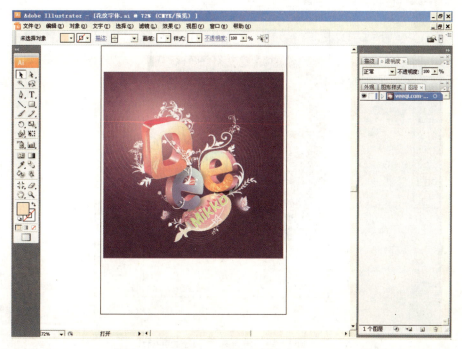

图1-42　最大屏幕模式

第 1 章　Illustrator CS3 概述

9

(2)【标准屏幕模式】：在标准窗口中显示图稿，菜单栏位于窗口顶部，滚动条位于侧面，如图1-43所示。

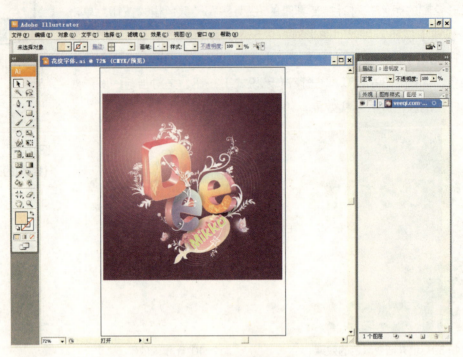

图1-43　标准屏幕模式

(3)【带有菜单栏的全屏模式】：在全屏窗口中显示图稿，有菜单栏但是没有标题栏或滚动条，如图1-44所示。

图1-44　带有菜单栏的全屏模式

(4)【全屏模式】▭：在全屏窗口中显示图稿，不带标题栏、菜单栏或滚动条，如图1-45所示。

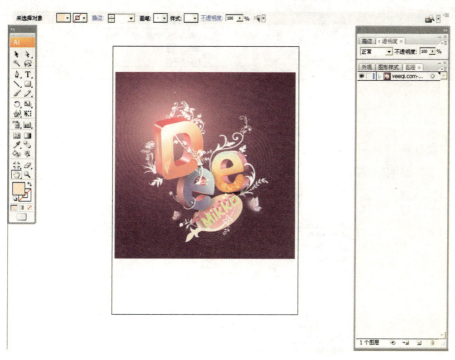

图1-45　全屏模式

1.2.4　控制面板的介绍

在Illustrator中有30个各种类型的控制面板，分别被用在了不同的用途上。我们可以在需要的时候再将这些面板调用出来，以免占用太多的屏幕空间。我们可以视需要来显示或者隐藏这些控制面板。而且他们可以被放置在屏幕的任何位置上，另外还可以通过拖拉控制面板的标题栏就可以改变控制面板的位置。此外，也可以通过拖拉索引标签的方式移动、分割或者结合这些面板。

控制面板可显示为3种视图模式，我们可以形象地称之为折叠视图、简化视图和普通视图，通过鼠标反复双击选项卡可完成3种视图之间的切换操作，如图1-46所示。另外，还可以使用鼠标点击控制面板的最右上角的 ▶▶【折叠为图标】按钮，将整个控制面板折叠为图标的形式，如图1-47所示。

图1-46　控制面板的视图模式　　　图1-47　折叠为图标

使用鼠标向外拖拽选项卡可以将多个组合的控制面板分为单独的面板，如图1-48所示。

图1-48　将控制面板单分

将一个面板拖拽到另外一个面板底部，当出现粗线框时松开鼠标，可以将两个或多个控制面板首尾相连，如图1-49所示。

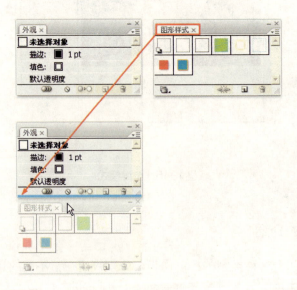

图1-49　控制面板的组合

用鼠标单击控制面板右侧的黑色三角按钮，可以打开隐藏菜单，如图1-50所示。

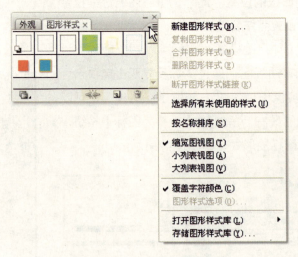

图1-50　控制面板的隐藏菜单

1.3 文件的基本操作

当启动Illustrator后的第一个操作一般就是新建空白的文档或者选择最近打开过的文件或者是从Illustrator的模板中建立新的文档。当要结束已经完成的设计工作时也必须保存才能结束目前的操作。这些都是很简单的文件操作，但的确很重要。现在就开始来学习Illustrator中这些最为简单但却最为重要的文件操作。

1.3.1 建立文件

当需要重新开始来设计制作一幅新作品之前，首先必须要做的一个工作就是要新建立一个符合工作需要的新文件。在这里，我们来讨论一下如何建立一个Illustrator CS3的空白文件，打开以前保存过的旧文件，将文件保存以及如何关闭Illustrator等文件管理的基本操作方法。这里特别为大家介绍一下Illustrator的模板功能，读者使用这些功能可以快速而且轻松地建立出专业级别水平的文件，并且可以快速地适应各种类型的工作。

1) 建立新文件

首先执行【文件】→【新建】命令，在弹出的【新建文档】对话框中，如图1-51所示，设置画板的大小、宽度、高度、单位和颜色模式选项，然后单击【确定】按钮，完成新建文档的操作，如图1-52所示。此外，还可以在【新建文档】对话框中，单击按钮，建立一个横取向的文件，如图1-53所示。

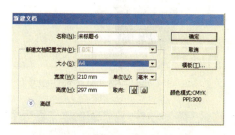

图1-51　【新建文档】对话框

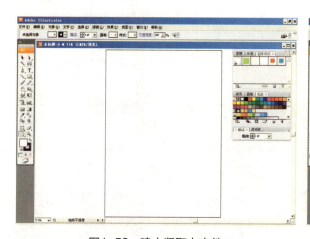

图1-52　建立竖取向文件

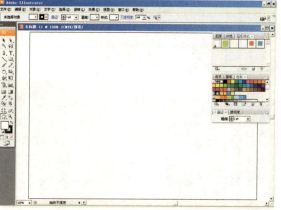

图1-53　建立横取向文件

在【新建文档】面板中还可以单击按钮，开启新建文档的【高级】设置。在其中还可以进行文件的【颜色模式】等设置。一般来说，如果作品是用于打印输出，那么，最终输出前的作品色彩模式应该是CMYK模式。如果没有特殊要求，则在制作的过程中最好选用RGB模式，然后在打印输出前再对作品进行色彩校对。

2) 建立模板新文件

从模板建立新文件是从Illustrator CS版本才有的新功能。这是一个十分有用且便捷的功能。Illustrator CS已经提前将各类常用的设计作品文件预设好，读者如果要进行设计制作之前，可以选择从模板中新建文件，然后选择相应的设计模板来进行快捷的设计制作。

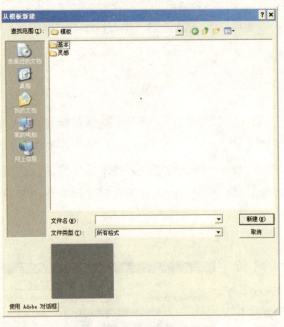

要想从模板建立新文件请执行【文件】→【从模板新建】命令，弹出【从模板新建】对话框中，如图1-54所示。可以看到在模板中一共分为两类模板，分别为【基本】、【灵感】，这时，读者可以根据自己的需要选择适合的设计文件模板，如图1-55所示。

3) 打开之前的文件

当需要继续之前未完成的工作时，在Illustrator启动之后弹出的【欢迎屏幕】中，可以选择【打开最近使用的项目】中的文件继续完成文件，如图1-56所示。此外，还可以执行【文件】→【最近打开的文件】命令，可以方便地打开最近编辑过的文件，如图1-57所示。

图1-54　从模板新建文件

图1-55　选择一个适合的模板效果

提示 在Illustrator预设好的各类设计模板中，几乎将所有的平面设计领域中的设计模板都提供给了使用者。其中有已经完全制作好的设计模板，直接提供给使用者套用模板使用。也有空白的设计模板，使用者可以按照已经设置好的尺寸规范直接进行设计工作。所以充分地了解并熟练地应用模板功能，是使广大使用者快速上手入门的关键。

此外，还可以执行【文件】→【浏览】命令，软件会自动运行Adobe Bridge，如图1-58所示。通过Adobe Bridge进行文件的浏览、查找和打开文件。

图1-56　在【欢迎屏幕】中打开最近使用的文件

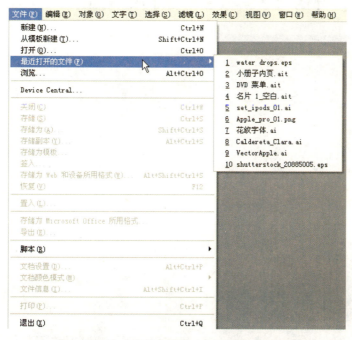

图1-57　在【文件】菜单中打开最近打开的文件

图1-58 运行Adobe Bridge

1.3.2 置入与导出文件

由于Illustrator所能打开的是*.ai格式的文件，所以在使用其他格式的素材文件时需要通过【置入】命令，这是主要的导入方法，因为它为文件格式、置入选项和颜色提供最高级别的支持。置入文件后，可使用【链接】面板来识别、选择、监控和更新文件。

(1) 首先执行【文件】→【新建】命令，在弹出的【新建文档】对话框中，设置文档的相应参数，新建立一个文档，如图1-59所示。

(2) 执行【文件】→【置入】命令，弹出【置入】对话框，如图1-60所示。

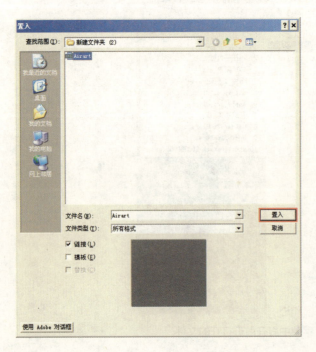

图1-59 新建文档选择置入

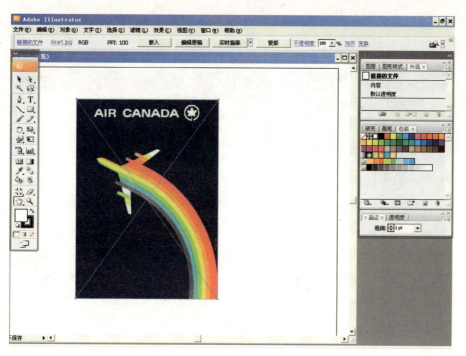

图1-60　置入文件以后的效果

（3）选择需要置入图形的文件名、文件类型等，选择【链接】选项可创建文件的连接，取消选择【链接】可将图稿嵌入Illustrator文档。最后单击【置入】按钮，就可以将其他各种格式的图形文件导入绘图页面中。

Illustrator的文件也可以通过【导出】命令，使文件输出成为其他软件可以读取的格式，以供Illustrator以外的其他软件使用，这些格式称为非本机格式。具体导出的操作步骤如下：

（1）首先在已经完成的Illustrator绘图页面中，执行【文件】→【导出】命令，如图1-61所示，弹出【导出】对话框。

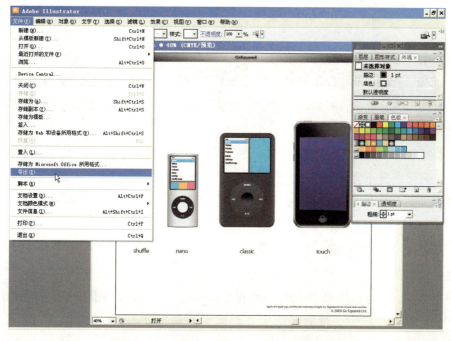

图1-61　执行【文件】→【导出】命令

(2) 设置需要导出的图形文件名、保存类型等，最后单击【保存】按钮，即可在指定的文件夹内生成导出文件，如图1-62所示。

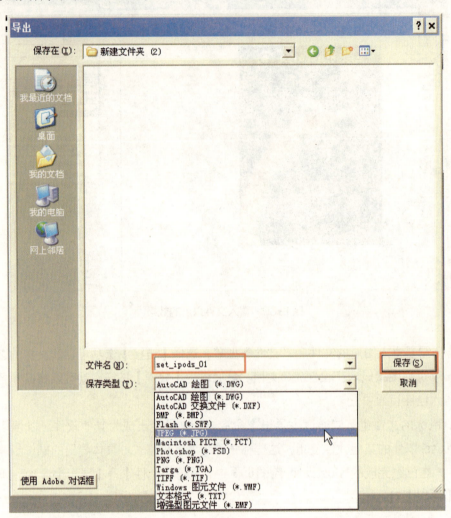

图1-62　设置导出的图形文件名及保存类型

在【导出】对话框中可以选择导出的文件格式如下所述。

(1) AutoCAD 绘图和 AutoCAD 交换文件（DWG 和 DXF）：AutoCAD 绘图是用于存储 AutoCAD 中创建的矢量图形的标准文件格式。AutoCAD 交换文件是用于导出 AutoCAD 绘图或从其他应用程序导入绘图的绘图交换格式。

(2) BMP 标准 Windows 图像格式：这也是最普遍的点阵图格式之一，也是 Windows 系统下的标准格式，其优点是不会降低图片的质量，但文件比较大。

(3) 增强型图元文件（EMF) Windows 应用程序广泛用作导出矢量图形数据的交换格式。Illustrator 将图稿导出为EMF格式时可栅格化一些矢量数据。

(4) JPEG（联合图像专家组）：常用于存储照片。JPEG格式保留图像中的所有颜色信息，但通过有选择地扔掉数据来压缩文件大小。JPEG是在Web上显示图像的标准格式。有关更多信息，请参阅JPEG导出选项。也可以使用"存储为Web和设备所用格式"命令将图像存储为JPEG文件。

(5) Flash(SWF)：用于矢量的图形格式，也用于交互动画Web图形。可以将图稿导出为Flash(SWF) 格式以便在 Web 设计中使用，并在任何配置了 Flash Player 增效工具的浏览器中查看图稿。也可以使用"存储为 Web 和设备所用格式"命令将图像存储为 SWF 文件。

(6) Photoshop（PSD）：标准 Photoshop 格式。如果图稿包含不能导出到 Photoshop 格式的数据，Illustrator 可通过合并文档中的图层或栅格化图稿，保留图稿的外观。因此，图层、子图层、复合形状和可编辑文本可能无法在 Photoshop 文件中存储。

(7) PNG（便携网络图形）：用于无损压缩和 Web 上的图像显示。与 GIF 不同，PNG 支持24位图像并产生无锯齿状边缘的背景透明度；但是，某些 Web 浏览器不支持 PNG 图像。PNG 保留灰度和 RGB 图像中的透明度。

(8) Targa（TGA）：设计以在使用 Truevision® 视频板的系统上使用。可以指定颜色模型、分辨率和消除锯齿设置用于栅格化图稿，以及位深度用于确定图像可包含的颜色总数（或灰色阴影数）。

(9) 文本格式（TXT）：用于将插图中的文本导出到文本文件。

(10) TIFF（标记图像文件格式）：用于在应用程序和计算机平台间交换文件。TIFF 是一种灵活的位图图像格式，绝大多数绘图、图像编辑和页面排版应用程序都支持这种格式。大部分桌面扫描仪都可生成 TIFF 文件。

(11) Windows 图元文件（WMF）16 位：Windows 应用程序的中间交换格式。几乎所有 Windows 绘图和排版程序都支持 WMF 格式。但是，它支持有限的矢量图形，在可行的情况下应以 EMF 代替 WMF 格式。

1.4 本章小结

本章主要介绍了Illustrator CS3这个矢量绘图软件在设计流程中所处的位置，让设计师对Illustrator CS3有一个初步的认识。熟练应用和掌握Illustrator CS3最基本的操作方法，为后面的高级技巧和各项实例的实际制作打好基础。

思考与练习

1) 填空题

(1) Illustrator软件主要是用于____、____、____、____和____等，它是一个____软件。

(2) 一般情况下图形可以分为____、____两种。

2) 问答题

(1) 什么是矢量图和位图？

(2) 矢量图和位图的区别是什么？

3) 操作题

(1) 练习一下各个控制面板的组合使用：折叠视图、简化视图和普通视图。

(2) 练习新建、打开、保存和导出文档。

第2章

基本绘图工具的使用

掌握绘图工具的使用方法是学习Illustrator最基础也是最重要的知识。在本章中重点来学习Illustrator中各类常用的绘图工具的基本概念和使用方法。Illustrator的基本绘图方法一般有3种。第一种方法可以利用几何形绘图工具进行如矩形、圆形、多边形的绘制。第二种方法是利用铅笔工具、平滑工具以及橡皮擦工具在内的绘图组来进行绘制类似于传统手绘效果的图形对象。第三种方法则是使用钢笔等工具，通过编辑路径的方法绘制图形，这也是Illustrator中最重要的一种方法。

本章学习重点与要点：
(1) 绘制基本线形；
(2) 绘制简单的基本图形；
(3) 绘制网格；
(4) 掌握铅笔工具、钢笔工具的使用方法；
(5) 使用基本绘图工具进行实例的操作。

2.1 绘制基本线形

千里之行始于足下，要知道任何最为复杂的图形都可以理解及拆分为最为简单基本的图形。本节主要讲解直线和弧线的绘制方法。

2.1.1 绘制直线和弧线

1）绘制直线

直线工具可以让我们快速地画出不同的直线。绘制的方法很简单，在工具箱中选择【直线工具】，将鼠标移动到画板中拖拉鼠标，即可画出任意的直线，如图2-1所示。如果想要画出水平或者是垂直的线段的话，可以在绘制的过程中按住【Shift】键即可，如图2-2所示。

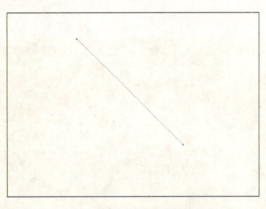 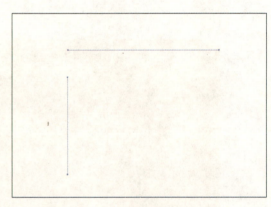

图2-1　任意的直线效果　　　　图2-2　水平和垂直的线段效果

当需要以精确的数值来制作直线时，可以先选择【直线工具】，然后将鼠标移动至画板中的线段处点击一下，可以弹出【直线段工具选项】对话框，在【直线段工具选项】对话框中的【长度】栏内输入线段长度的精确数值，在【角度】栏内可以输入控制线段方向的角度数值，如图2-3所示。

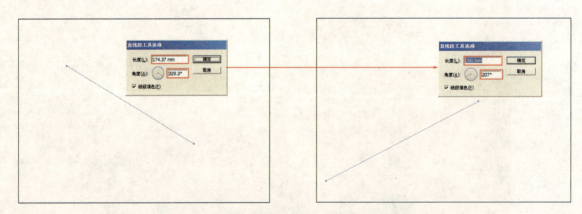

图2-3　通过【直线段工具选项】对话框绘制线段

这时绘制出来的直线段，可以看到并没有什么颜色以及粗细的效果。要想对当前的直线进行粗细以及颜色的设置可以在工具箱中选择【选择工具】将刚才的直线选择，然后在界面上方的选项栏中单击按钮，在弹出的【色板】中，选择一个色板颜色样式，如图2-4所示。

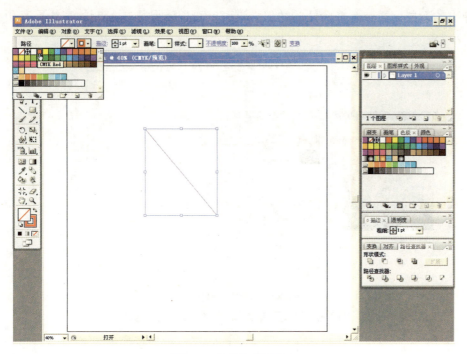

图2-4 为线段设置颜色

下面来进行直线的粗细设置。鼠标单击界面上方选项栏中【描边】右侧的▼下拉箭头，在弹出的下拉列表中选择合适的数值，这时就可以看到刚才绘制的直线具有了颜色与粗细的宽度，如图2-5所示。

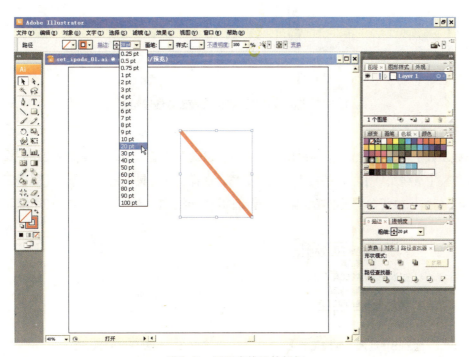

图2-5 设置直线段的粗细

此外，要想改变直线段的粗细以及颜色还可以鼠标双击工具箱下方的■【描边】图标，在弹出的【拾色器】对话框中选择想要的颜色，如图2-6所示。要想设置直线粗细的话，还可以执行【窗口】→【描边】命令，调出【描边】控制面板，用鼠标点击【粗线】右侧的▼下拉箭头，在弹出的下拉列表中选择合适的数值，这时就可以看到刚才绘制的直线具有了粗细的宽度，如图2-7所示。

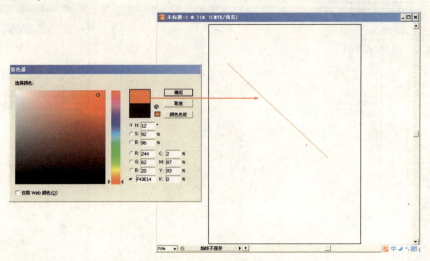

图2-6　通过工具箱【拾色器】设置线段颜色

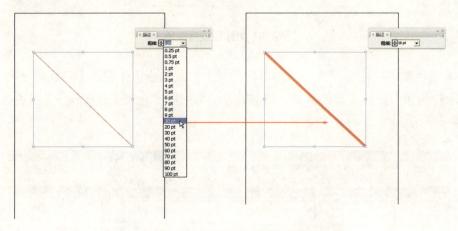

图2-7　通过【描边】控制面板设置线段粗细

2）绘制弧线

【弧线工具】与【直线工具】相同，都是Illustrator中的基本画线工具。想要绘制弧线，在工具箱中点击 【直线工具】按钮的右下角的小三角，在弹出的工具列表中选择 【弧线工具】，如图2-8所示。将鼠标放置在画板中任意地拖拉鼠标即可绘制出任意的弧线，如图2-9所示。

图2-8　选择【弧线工具】

图2-9　绘制任意的弧线效果

在 Illustrator 中绘制各种线形的时候同时还需要设置一下线形的相关颜色以及线形的粗细。使用上面步骤中所使用到的方法。

按下键盘上的向上【↑】方向键，可以减少弧线的凹面斜度，如图2-10所示。按下键盘上的向下【↓】方向键，可以增加弧线的凹面斜度，如图2-11所示。在绘制的过程中按住【Shift】键，可以绘制出等比例的弧线线段，如图2-12所示。

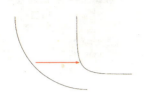

图2-10
减少弧线凹面斜度的效果

图2-11
增加弧线凹面斜度的效果

图2-12
等比例的弧线线段效果

当需要以精确的数值画弧线时，可以先选择 【弧线工具】，然后将鼠标移动至画板中的线段处点击一下，可以弹出【弧线工具选项】对话框，如图2-13所示。

（1）X轴长度（X）：设置弧线的水平长度。

（2）Y轴长度（Y）：设置弧线的垂直长度。

（3）基准点：设置描绘弧线时的基准点。同时可以使用鼠标点击基准点图标的4个角来改变基准点的位置。

（4）类型：选择弧线是开放式或者是闭合式路径。

（5）基准线：用来选择以X轴或者Y轴为描绘的基准线。

（6）斜率（S）：通过数值的设置可以控制弧线凹与凸的不同斜率。

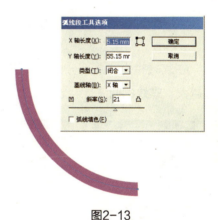

图2-13
通过【弧线工具选项】对话框设置弧线

2.1.2 绘制螺旋线

【螺旋工具】可以使依据设置的条件数值产生螺旋状的图形，在绘制之前可以先设置螺旋的类型，在工具箱中点击【直线工具】按钮右下角的小三角，在弹出的工具列表中选择【弧线工具】，如图2-14所示。想要绘制出螺旋线，只需要将鼠标放置在画板中任意的拖拉鼠标即可绘制出任意的螺旋线，如图2-15所示。

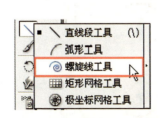

图2-14 选择【弧线工具】

图2-15 任意的螺旋线效果

要想精确地绘制出所需的螺旋线，可以先选择 【螺旋线工具】，然后将鼠标移动至画板中点击一下，可以弹出【螺旋线】对话框，如图2-16所示。在对话框中的【半径】栏内输入螺旋形的半径数值来决定螺旋线图形的大小，如图2-17所示。

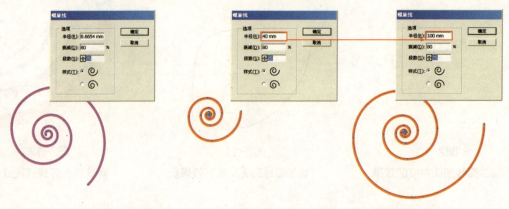

图2-16　【螺旋线】对话框　　　　图2-17　通过【螺旋线】对话框设置螺旋线

在衰减栏内，是百分比的数值设置，这里可以控制螺纹间隔的疏密度，当输入的百分比数值越大，螺纹的间隔就会越密，如图2-18所示。

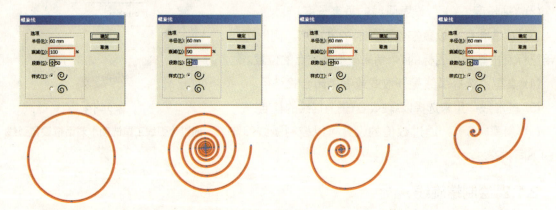

图2-18　设置衰减的数值效果

在【段数】栏内输入的数值，则是控制螺旋图形的节点数，而对话框最下方的【样式】选项则可以设置螺旋图形的旋转方向，如图2-19所示。

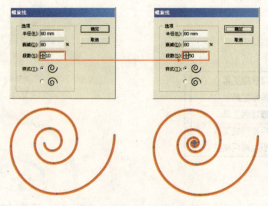

图2-19　设置段数的数值效果

2.2 绘制基本图形

下面来介绍Illustrator中最基本也是最重要的基本图形绘制工具，这些常用的工具有【矩形工具】、【圆角矩形工具】、【椭圆工具】、【多边形工具】、【星形工具】、【光晕工具】，我们来分别详细地了解与学习一下这些工具的基本概念和绘制的方法。

2.2.1 绘制矩形和圆角矩形

1) 绘制矩形

绘制矩形一般都可以使用工具箱中的 【矩形工具】。【矩形工具】虽然简单、平凡，但却是最经常使用的基本绘图工具。它通常有两种用法。想要绘制出任意形态的矩形，可以在工具箱中选择 【矩形工具】，并且在工具箱底部要确保当前选择的是 【颜色模式】，然后将鼠标移动至画板中拖拉鼠标即可画出任意的矩形图形，而拖动的大小会决定矩形的形状。同时也可以选择当前的矩形，然后单击工具箱底部的【拾色器】来为当前的矩形图形填充颜色，如图2-20所示。如果想要绘制出正方形的话，可以在绘制矩形的过程中按住【Shift】键，如图2-21所示。

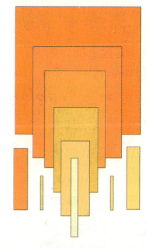

图2-20　绘制任意的矩形效果及颜色

图2-21　绘制正方形及颜色

要想绘制精确尺寸的矩形可以先选择 【矩形工具】，然后将鼠标移动至画板中点击一下，可以弹出【矩形】对话框，在对话框中的【宽度】和【高度】栏内输入想要的数值即可完成矩形的精确绘制，如图2-22所示。

图2-22　通过【矩形】对话框设置矩形

2) 绘制圆角矩形

圆角矩形的绘制方法与矩形的绘制方法基本一致。在工具箱中选择▣【圆角矩形工具】，然后将鼠标移动至画板中拖拉鼠标即可画出任意的圆角矩形图形，而拖动的大小会决定矩形的形状，如图2-23所示。如果想要绘制出正方形的话，可以在绘制矩形的过程中按住【Shift】键，如图2-24所示。要是想从中心点向外绘制圆角正方形的话可以按住【Shift+Alt】组合键，不断地按照此方法就可以绘制出一组同心的圆角正方形，如图2-25所示。

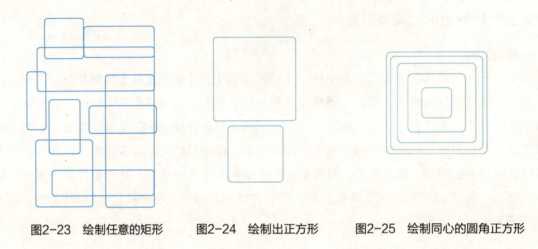

图2-23　绘制任意的矩形　　　图2-24　绘制出正方形　　　图2-25　绘制同心的圆角正方形

一般情况下所绘制出来的圆角矩形的角度是根据Illustrator中默认的预设圆角半径数值来进行绘制的。要想改变圆角矩形的圆角半径的话，可以利用键盘上的方向键。

(1) 按下键盘上的【→】向右方向键，可将圆角半径设置到最大，如图2-26所示。

(2) 按下键盘上的【←】向左方向键，可以将圆角半径设置为0，如图2-27所示。

(3) 按下键盘上的【↑】向上方向键，可以将圆角半径设置逐渐加大，如图2-28所示。

(4) 按下键盘上的【↓】向下方向键，可以将圆角半径设置逐渐减小，如图2-29所示。

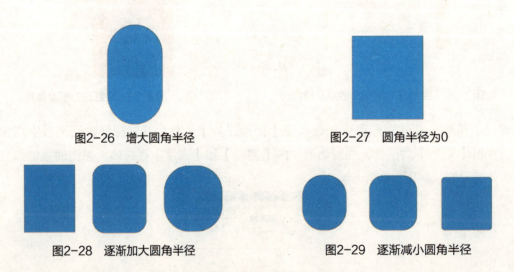

图2-26　增大圆角半径　　　　　　　　　　图2-27　圆角半径为0

图2-28　逐渐加大圆角半径　　　　　　　　图2-29　逐渐减小圆角半径

如果要绘制精确的圆角矩形的话可以先选择▣【圆角矩形工具】，然后将鼠标移动至画板中点击一下，可以弹出【圆角矩形】对话框，在对话框中的【宽度】、【高度】和【圆角半径】栏内输入想要的数值即可完成矩形的精确绘制，如图2-30所示。

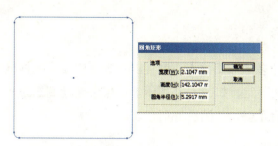

图2-30 【圆角矩形】对话框的设置

2.2.2 绘制椭圆和圆

在工具箱中选择◯【椭圆工具】，按住鼠标在画板中任意地拖拉，即可画出各类的椭圆图形，如图2-31所示。椭圆的大小则由拖拉鼠标的方式决定。如果想要绘制出正圆的话，可以在绘制矩形的过程中按住【Shift】键，如图2-32所示。要是想从中心点向外绘制正圆形的话可以按住【Shift+Alt】组合键，不断地按照此方法就可以绘制出一组同心的正圆形，如图2-33所示。

图2-31 绘制任意的椭圆图形　　　图2-32 绘制正圆效果

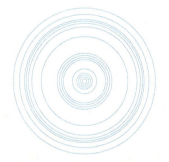

图2-33 绘制同心正圆效果

如果想精准的绘制椭圆，先选择◯【椭圆工具】，然后将鼠标移动至画板中点击一下，可以弹出【圆角矩形】对话框，在对话框中的【宽度】、【高度】和【圆角半径】栏内输入想要的数值即可完成矩形的精确绘制，如图2-34所示。

图2-34 【圆角矩形】对话框的设置

2.2.3 绘制多边形

在工具箱中选择 ◉【多边形工具】，就可以在画板中任意拖拽鼠标绘制多边形，多边形的大小则由拖拉鼠标的方式决定，如图2-35所示。如果想要绘制出正多边形的话，可以在绘制多边形的过程中按住【Shift】键，如图2-36所示。

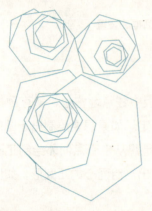 

图2-35　绘制任意多边形效果　　　　　　图2-36　绘制出正多边形效果

多边形设置的关键点是多边形边数的设置。默认的多边形边数是六边形。如果想设置不同的多边形边数的话，先选择 ◉【多边形工具】，然后将鼠标移动至画板中点击一下，可以弹出【多边形】对话框，在对话框中的【半径】栏内输入半径的数值大小。然后在【边数】栏内输入想要的边数数值即可完成不同边数的多边形的精确绘制，如图2-37所示。

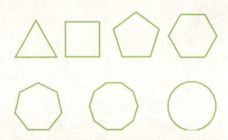

图2-37　设置不同边数的多边形效果

2.2.4 绘制星形

星形工具可以绘制出不同角度和大小的星状图形，在工具箱中选择 ◉【星形工具】，在画板中任意拖拽鼠标绘制星形，星形的大小由拖拉鼠标的方式决定，如图2-38所示。如果想要绘制出正星形的话，可以在绘制星形的过程中按住【Shift】键，如图2-39所示。

图2-38　绘制任意星形效果　　　　　　图2-39　绘制正星形

如果要精准地绘制星形，先选择 【星形工具】，然后将鼠标移动至画板中点击一下，可以弹出【星形】对话框，在对话框中的【半径1】栏中输入星形中心点至凹点的距离，在【半径2】栏中输入星形中心点至远角点的距离，在【角点数】栏内，则可输入想要的角数，即可完成矩形的精确绘制，如图2-40所示。

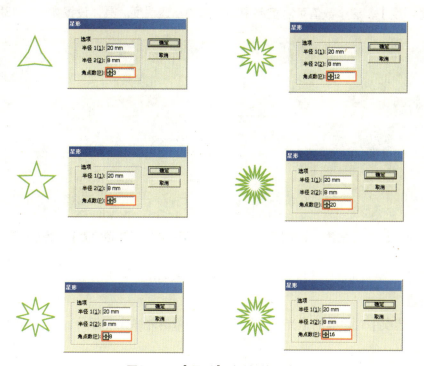

图2-40　【星形】对话框的设置

2.2.5 绘制光晕

光晕工具可以直接用来描绘复杂的闪光和光晕效果的图形。在工具箱中选择 【光晕工具】，将鼠标移动至画板中点击一下，可以弹出【光晕工具选项】对话框，如图2-41所示。

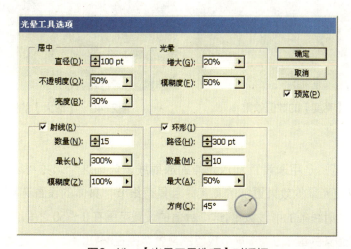

图2-41　【光晕工具选项】对话框

1) 居中设置

【光晕工具选项】对话框的【居中】设置的范围主要用来设置闪光的中心光环部分，逐一来认识一下【居中】的数值设置。

(1)【直径】：控制光晕中心的光环大小。具体设置如图2-42所示。

(2)【不透明度】：这个数值可以控制中心光晕的不透明度。具体设置如图2-43所示。

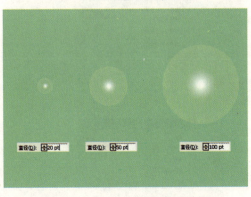

图2-42　【直径】的数值设置效果　　　　图2-43　【不透明度】的数值设置效果

(3)【亮度】：控制光环的亮度效果。具体设置效果如图2-44所示。

2) 光晕设置

【光晕工具选项】对话框的【光晕】用来设置光晕的外缘光环部分。逐一来认识一下【居中】的数值设置。

(1)【增大】：设置光晕外缘光环的放大比例，如图2-45所示。

(2)【模糊度】：设置外缘光环放大的变动程度。

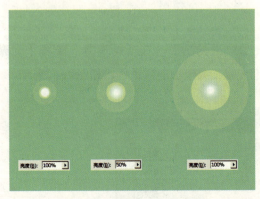 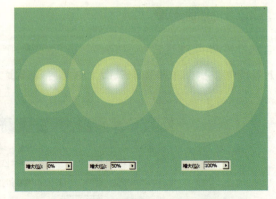

图2-44　【亮度】的数值效果　　　　图2-45　【增大】的数值效果

3) 射线的设置

【射线】的设置范围是用来设置加入光晕的放射线，勾选这个选项可以在圆形光晕周围加上放射线，这样可以使光晕的效果更加的真实并且具有细节，具体的设置选项如下。

(1)【射线】：设置放射线条的射线数量,这个数值的设置范围在0～50之间。效果如图2-46所示。

(2)【最长】：设置线条的最长长度,这个数值的设置范围在0～1000之间。效果如图2-47所示。

(3)【模糊度】：设置放射线条的长度变动范围，效果如图2-48所示。

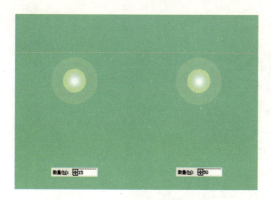
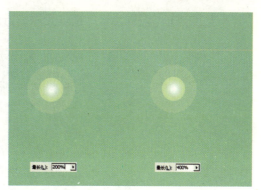

图2-46　【射线】的数值设置效果　　　　图2-47　【最长】的数值设置效果

4) 光环的设置

【光环】的设置是【光晕工具】中重要的设置选项。【光环】可以设置光晕中心点（中心手柄）与最远的光环中心点（末端手柄）之间的路径距离、光环数量、最大的光环（作为光环平均大小的百分比）和光环的方向或角度等。

(1)【路径】：用来设置光晕效果整体的路径长度，如图2-49所示。

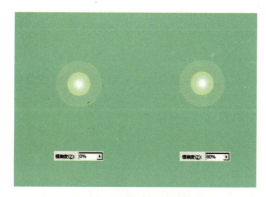
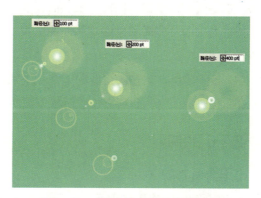

图2-48　【模糊度】的数值设置效果　　　　图2-49　【路径】的数值设置效果

(2)【数量】：用来设置光晕光圈的数量，其数值的设置范围在0～50之间，如图2-50所示。

(3)【最大】：设置光晕中光圈的大小，如图2-51所示。

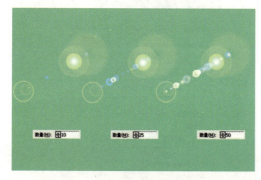
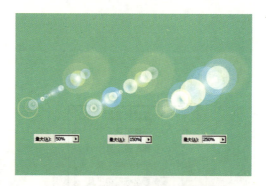

图2-50　【数量】的数值设置效果　　　　图2-51　【最大】的数值设置效果

(4)【方向】：设置光晕的整体光照的方向。图2-52所示为各个方向的光晕照射效果。

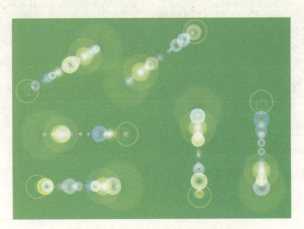

图2-52 【方向】的数值设置效果

5)【光晕工具】的使用方法

(1) 选择■【光晕】工具。

(2) 按下鼠标按钮放置光晕的中心手柄，然后拖动设置中心的大小、光晕的大小，并旋转射线角度。释放鼠标，按【Shift】键将射线限制在设置角度。按下向上或向下箭头键添加或减去射线。按住【Ctrl】键以保持光晕中心位置不变。

(3) 当中心、光晕和射线达到所需效果时松开鼠标。再次按下并拖动为光晕添加光环，并放置末端手柄。

(4) 松开鼠标前，按向上或向下箭头键添加或减去光环。按否定号（~）键随机放置光环。

(5) 当末端手柄达到所需位置时松开鼠标。

2.2.6 绘制网格

1) 绘制矩形网格

利用【矩形网格工具】可以快速的画出网格，而无需使用一大堆的复制命令。在工具箱中选择■【矩形网格工具】，如图2-53所示。将鼠标移动至画板中点击鼠标，弹出【矩形网格工具选项】对话框，如图2-54所示。下面来认识一下【矩形网格工具选项】的各项参数。

图2-53 选择【矩形网格工具】

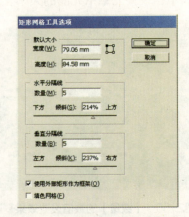

图2-54 【矩形网格工具选项】对话框

(1)【默认尺寸】：设置矩形网格的宽度与高度的尺寸，如图2-55所示。用鼠标点击基准点按钮的四个角可以改变矩形网格的基准点，如图2-56所示。

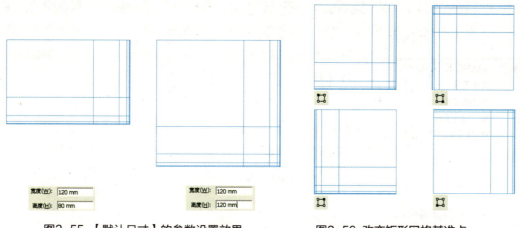

图2-55 【默认尺寸】的参数设置效果　　　　图2-56 改变矩形网格基准点

(2)【水平分割线】：其中的【数量】设置矩形网格的水平栏数量，如图2-57所示。【倾斜】决定水平栏网格数量的分布密度是从上到下还是从下到上，如图2-58所示。

图2-57 【水平分割线数量】参数设置效果　　　　图2-58 【水平分割线倾斜】参数设置效果

(3)【垂直分割线】：设置矩形网格的垂直栏数量，如图2-59所示。【倾斜】决定垂直栏网格数量的分布密度是从左到右还是从右到左，如图2-60所示。

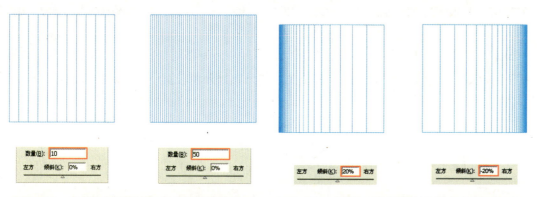

图2-59 【垂直分割线数量】参数设置效果　　　　图2-60 【垂直分割线倾斜】的参数设置效果

(4)【使用外部矩形作为框架】：勾选这个选项则矩形网格将对外缘的矩形填充使矩形网格具有底色。

(5)【填色网格】：勾选此选项，则矩形网格线段可以对颜色进行填充。

2) 绘制极坐标网格

【极坐标网格工具】可以快速画出类似于统计图表的极坐标网格表格，在工具箱中选择 【极坐标网格工具】，如图 2-61 所示。将鼠标移动至画板中点击鼠标，弹出【极坐标网格工具选项】，如图 2-62 所示。下面来认识一下【极坐标网格工具选项】的各项参数。

(1)【默认尺寸】：设置极坐标网格的宽度与高度的尺寸，如图2-63所示。用鼠标点击 基准点按钮的四个角可以改变网格的基准点。

(2)【同心圆分割线】：其中的【数量】栏可以设置同心圆网格的数量，其数值的设置范围是 0～999，如图 2-64 所示。【倾斜】栏可以设置网格数量的分布密度是从内到外还是从外到内，如图 2-65 所示。

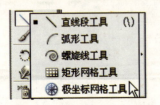

图2-61 选择【极坐标网格工具】

图2-62 【极坐标网格工具选项】对话框

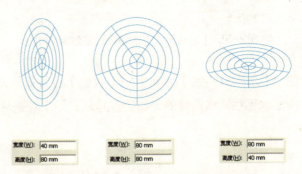

图2-63 【默认尺寸】的参数设置效果

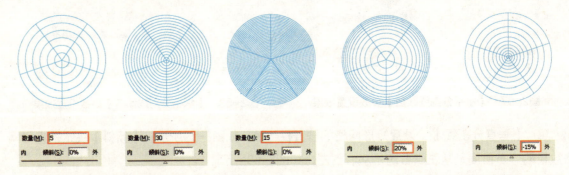

图2-64 【同心圆分割线数量】的参数设置效果　　图2-65 【同心圆分割线倾斜】的参数设置效果

(3)【径向分割线】：其中【数量】栏可以设置径向分割线网格的数量，其数值的设置范围是 0～999。如图 2-66 所示。【倾斜】决定网格宽度的分布是外侧较宽还是内侧较宽，如图 2-67 所示。

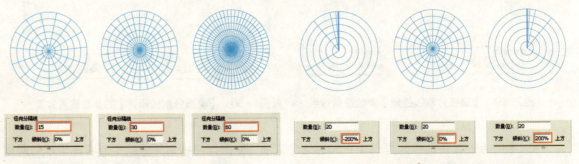

图2-66 【径向分割线数量】的参数设置效果　　图2-67 【径向分割线倾斜】的参数设置效果

(4)【从椭圆形创建复合路径】：勾选此选项之后，则网格将以复合路径的方式进行颜色的填充，如图2-68所示。

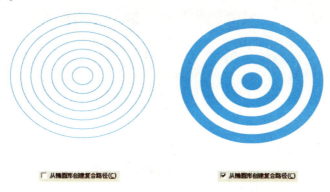

图2-68　勾选【从椭圆形创建复合路径】的效果

2.3 徒手绘图工具

在Illustrator软件中除了使用基本的绘图工具进行图形绘制以外，还可以选择徒手绘制的方法来描绘图形对象。Illustrator提供了【铅笔工具】、【平滑工具】、【钢笔工具】、【画笔工具】等主要的绘图工具。这些工具可以让用户快速地创作出想要的图形对象。其中【钢笔工具】属于贝赛尔曲线绘图工具，和其他的绘图工具相比【钢笔工具】具有更加精确的编辑以及修改的特性。

2.3.1 钢笔工具

使用贝赛尔曲线绘制图形对象是Illustrator最重要的一种绘图方法，是所有学习Illustrator的用户最重要也是最基础的必修课。在Illustrator中使用【钢笔工具】来完成贝赛尔曲线的绘制。在工具箱中的【钢笔工具】组中一共包括了4种钢笔工具，能够提供不同的绘图功能，能够使用户轻松地绘制出流畅的贝赛尔曲线图形。

1) 钢笔工具

【钢笔工具】的最大用途是用来绘制各种不同形状的贝塞尔曲线，与【直线段工具】比较，其差异就在于绘制曲线时要按住鼠标并调整贝塞尔曲线的方向杆，才能够准确的调整曲线的形态，而非只按住鼠标就可以操作的。在工具箱中选择【钢笔工具】，然后用鼠标在画板中点击就可以直接绘制出钢笔的第一个锚点，同时由第一个描点可以拉出两条可以调整路径线段形状的控制杆，如图2-69所示。接着在画板中单击建立出第二个锚点，这样就绘制出直线或者是流畅的曲线，如图2-70所示。

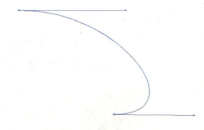

图2-69　绘制第一个锚点　　　　图2-70　绘制第二个锚点

2) 添加锚点工具

首先在工具箱中选择 【添加锚点工具】，在现有的钢笔路径上单击鼠标就可以增加一个新的锚点，这时就可以产生另外一条新的路径线段，借此来调整路径的形状，如图2-71所示。

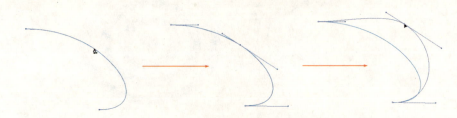

图2-71　【添加锚点工具】的操作

　【添加锚点工具】可以增强对路径的控制，也可以扩展开放路径。但最好不要添加多余的点。点数较少的路径更易于编辑、显示和打印。

3) 删除锚点工具

首先在工具箱中选择 【删除锚点工具】，当路径上多出了不需要的路径线段或者是锚点时，使用【删除锚点工具】在想要删除的锚点上单击鼠标即可。而原来锚点两旁的左右锚点将会自动以直线或者是曲线的方式连接起来，如图2-72所示。

4) 转换锚点工具

当需要将线段角点转换为平滑点时，可以在工具箱中选择 【转换锚点工具】，将【转换锚点工具】定位在要转换的锚点上方，将方向点拖动出角点，如图2-73所示。

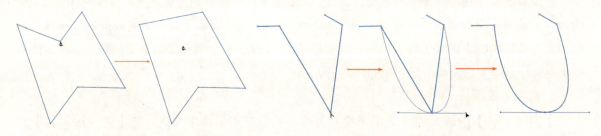

图2-72　【删除锚点工具】的操作　　　　图2-73　【转换锚点工具】的操作

2.3.2　铅笔工具

1) 铅笔工具的设置

使用【铅笔工具】可以随心所欲地绘制出不规则的自由曲线路径。Illustrator会自动的根据【铅笔工具】的轨迹生成锚点以及形成曲线的路径。可用于绘制开放路径和闭合路径。【铅笔工具】所绘制的路径比较流畅且带有轻松随意的线条效果，并且可以任意修改，就类似于在纸上直接进行绘画一样。这对于快速素描或创建手绘外观最有用。绘制路径后，如有需要您可以立刻更改。

在使用【铅笔工具】之前，可以先设置一下【铅笔工具】的属性。在工具箱中用鼠标双击 【铅笔工具】图标按钮，弹出【铅笔工具首选项】对话框。下面来了解一下。

(1)【保真度】：设置绘制的图形与鼠标轨迹的相似程度。值越高，路径就越平滑，复杂度就越低。值越低，图形与鼠标指针的移动轨迹就越匹配，从而将生成更尖锐的角度。保真度的范围可以从 0.5～20 像素，如图2-74所示。

(2)【平滑度】：设置图形线条的平滑度。平滑度的范围可以从 0～100%。值越大，则绘制的路径线条就越平滑。值越小，创建的锚点就越多，保留的线条的不规则度就越高。

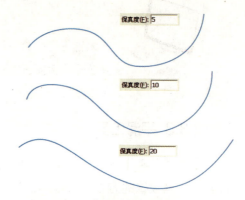

图2-74　【保真度】的参数设置效果

(3)【填充新铅笔描边】：(仅限 Illustrator) 在选择此选项后将对绘制的铅笔描边应用填充，但不对现有铅笔描边应用填充。请记住在绘制铅笔描边前选择填充。

(4)【保持所选】：勾选此选项后，则会在绘制后，路径将自动的保持在选取的状态，以方便后续的编辑。

(5)【编辑所选路径】：勾选此选项后，可以在路径选取的状态下，重新使用铅笔工具描绘路径，可以进行路径形状的修改。

(6)【范围】：决定鼠标或光笔与现有路径必须达到多近距离，才能使用"铅笔"工具编辑路径。此选项仅在选择了"编辑所选路径"选项时可用。

2) 铅笔工具的使用

设置完成以后，就可以使用【铅笔工具】来绘制任意形状的线条。选择【铅笔工具】，将鼠标移动至画板中希望路径开始的地方，然后拖动鼠标绘制路径。【铅笔工具】将显示一个 光标以指示将要开始绘制任意的路径。当拖动鼠标时，一条点线将跟随指针出现。锚点出现在路径的两端和路径上的各点。路径采用当前的描边和填色属性，并且默认情况下处于选中状态，如图2-75所示。

图2-75　【铅笔工具】的绘制效果

下面使用【铅笔工具】绘制闭合的路径曲线。将鼠标移动到希望路径开始的地方，然后开始拖动绘制路径。开始拖动后，按下【Alt】键。铅笔工具显示一个小圆圈以指示正在创建一个闭合路径。当路径达到所需大小和形状时，松开鼠标按钮，路径闭合后，松开【Alt】键，即可完成铅笔闭合路径的描绘，如图2-76所示。

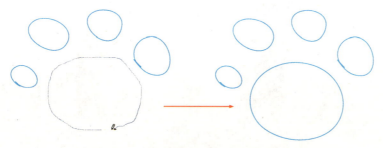

图2-76　【铅笔工具】绘制闭合路径曲线的操作

无需将光标放在路径的起始点上方就可以创建闭合路径；如果在某个其他位置松开鼠标按钮，铅笔工具将通过创建返回原点的最短线条来闭合形状。

2.3.3 平滑工具

【平滑工具】可以将原本锐利的路径修饰平滑，该工具还可以使用自身的设置对话框来进行设计，其设置的方法与内容与铅笔工具大致相同。使用鼠标双击工具箱中的【平滑工具】图标按钮，弹出【平滑工具首选项】对话框。下面来了解一下本对话框。

（1）【保真度】：用来设置绘制后图形与鼠标轨迹相似的程度。

（2）【平滑度】：用来设置图形线条的平滑度。

最后选取要进行平滑的对象，接着使用【平滑工具】拖拉涂抹路径线段，这样就可以将原本尖锐的路径线段修饰成平滑的路径，如图2-77所示。

图2-77　【平滑工具】的设置效果

2.3.4 路径橡皮擦工具

【路径橡皮擦工具】可以擦去画错了的路径，选择工具箱中的【路径橡皮擦工具】，移动鼠标至画板中即可擦去不需要的路径，其用法就像是在画纸上用橡皮擦去图像一样，如图2-78所示。

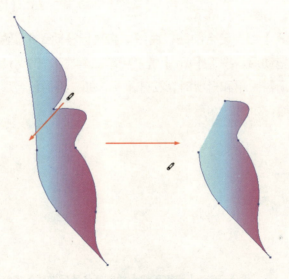

图2-78　【路径橡皮擦工具】的效果

2.4 实例演练

2.4.1 基本绘图工具制作标志

本实例为大家讲解在Illustrator中使用几何形绘图工具中的【椭圆工具】以及徒手绘图工具中的平滑工具以及【橡皮擦工具】、【美工刀工具】等基本绘图工具来绘制一个简单的标志图形，效果如图2-79所示。

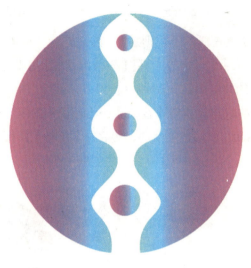

图2-79　本实例最终效果

（1）启动Illustrator。选择【文件】→【新建】命令，建立一个新的文档，在【新建文档】对话框中，设置【宽度】为"100mm"，【高度】为"100mm"，【单位】为"毫米"，【颜色模式】为"RGB"，如图2-80所示。

（2）在工具箱中选择 【椭圆工具】，并且将鼠标放到画板中点击一下，在弹出的【椭圆】对话框中进行参数设置，绘制出正圆的效果，如图2-81所示。

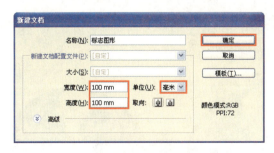

图2-80　新建文档

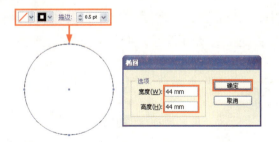

图2-81　正圆形效果

（3）在工具箱中选择 【美工刀工具】，将圆切割成2个不规则图形。具体效果如图2-82所示。

（4）使用 【选择工具】单击一下切割后的图形，就发现正圆形已经被切割为两部分，并可以单独选择和移动等。选择右侧的切割图形，并按下【Delete】键将其删掉，如图2-83所示。

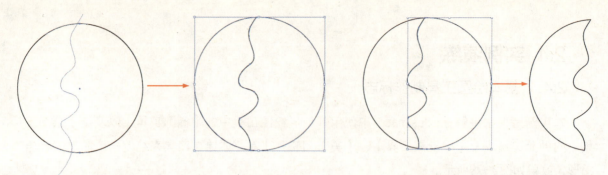

图2-82 使用【美工刀工具】切割图形　　　　　　　图2-83 选择并删除图形

（5）使用 【选择工具】将左侧的不规则图形选中，这时可以看到左侧的图形不够平滑甚至具有锯齿效果，所以使用 【平滑工具】、 【转换锚点工具】以及 【直接选择工具】对图形进行细致的编辑，完成后的效果如图2-84所示。

（6）确定图形为被选择的状态。执行【窗口】→【渐变】命令，在【渐变】面板中分别按住【Alt】键，单击两个默认的黑、白颜色的滑块，然后在【色板】面板中选择颜色完成编辑的颜色设置。最后在工具箱中选择 【渐变工具】从右至左绘制渐变效果，如图2-85所示。

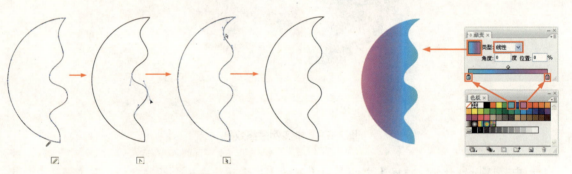

图2-84 使用基本绘图工具编辑图形　　　　　　　图2-85 绘制渐变效果

（7）选择图形，然后在工具箱中双击 【镜像工具】按钮，接着在弹出的【镜像】对话框中选择【垂直】选项，并单击【复制按钮】，如图2-86所示。将图形镜像复制以后移动2个图形的位置，如图2-87所示。

（8）按下【Ctrl+R】键，打开【显示尺标】命令，将鼠标放到显示出来的尺标中，在图形的中心位置拖拽出1条参考线。在工具箱中选择 【椭圆工具】，按住【Shift】键在图形的间隙空白处绘制3个正圆形，并添加之前的渐变效果，如图2-88所示。

图2-86 复制镜像图形　　　图2-87 镜像复制后的效果　　　图2-88 继续绘制标志图形

（9）在工具箱中选择 T【文字工具】，点击画布，选择一个理想的字体，输入文字，效果如图2-89所示。

（10）使用【选择工具】选择 文字，然后单击鼠标右键，在弹出的菜单中选择【创建轮廓】命令，将文字的文本属性转换为一般的对象图形属性，如图2-90所示。

（11）最后将文字对象也应该用之前设置的渐变效果，最后的标志图形的效果如图2-91所示。

图2-89　创建文字

图2-90　创建轮廓

图2-91　标志图形最终效果

2.4.2 基本绘图工具绘制雪花

本实例将使用【圆角矩形工具】、【多边形工具】等基本绘图工具制作一个雪花的图形，最终的雪花效果如图2-92所示。

（1）启动Illustrator。选择【文件】→【新建】命令，建立一个新的文档，在【新建文档】对话框中，设置宽度为"60mm"，高度为"80mm"，单位为"毫米"，颜色模式为"CMYK"，如图2-93所示。

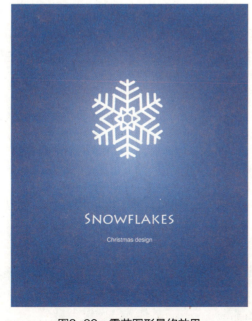
图2-92　雪花图形最终效果

图2-93　建立一个新文档

43

(2) 为了使绘制的图形更加精确,按下【Ctrl+R】键,打开【显示尺标】命令,将鼠标放到显示出来的尺标中,在画板的中心位置分别拖拽出两条相互垂直相交的参考线,如图 2-94 所示。

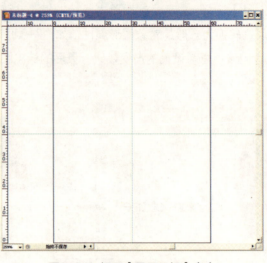

图2-94 打开【显示尺标】命令

(3) 选择工具箱中的【多边形工具】,将鼠标放到参考线相交的焦点位置上,向正下方垂直的拖拽鼠标,绘制出一个六边形,效果如图2-95所示。

(4) 下面对绘制出来的六边形进行设置,将【填色】设置为【无】,【描边】的颜色设置为【黑色】,【描边】的粗细设置为【3pt】,效果如图2-96所示。将该六边形作为雪花图形的中心图形。

图2-95 在参考线的交点绘制六边形　　　图2-96 设置描边粗细为【3pt】

(5) 在工具箱中选择【圆角矩形工具】,将鼠标移动至画板的位置中点击一下鼠标,在弹出的【圆角设置】对话框中进行参数的设置,如图 2-97 所示。建立出一个细长线形状的圆角矩形,将该图形作为雪花的枝干。并使用【选择工具】将该图形移动至六边形的正上方,如图 2-98 所示。

图2-97 进行【圆角设置】的设置　　　图2-98 绘制出细长的圆角矩形

(6) 接着绘制雪花形状的其他枝干。在工具箱中选择【圆角矩形工具】,将鼠标移动至画板的位置中点击一下鼠标,在弹出的【圆角设置】对话框中进行参数的设置,如图2-99所示。这样就建立出一个细短线形状的圆角矩形,效果如图2-100所示。

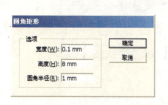

图2-99 进行【圆角设置】的设置　　　图2-100 绘制出细短线形状的圆角矩形

（7）在工具箱中双击◯【旋转工具】，在弹出的【旋转】对话框中设置【角度】的数值为【60】度，效果如图2-101所示。接着使用▶【选择工具】选择该图形然后按住【Alt】键，复制出3个相同的图形，效果如图2-102所示。

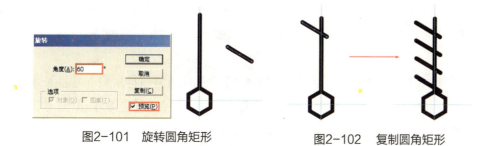

图2-101 旋转圆角矩形　　　图2-102 复制圆角矩形

（8）下面使用▶【选择工具】，按键盘上的方向键，单独的调整每一个雪花的分支位置，如图2-103所示。

（9）使用▶【选择工具】，框选4个调整好位置的雪花分支图形，然后选择【窗口】→【路径查找器】命令，在弹出的【路径查找器】面板中，单击◻【与形状区域相加】按钮，将这几个图形对象组合成新的图形对象，如图2-104所示。

（10）在工具箱中选择◻【矩形工具】，将【填色】设置为黑色。并且将鼠标放到画板中心垂直的参考线上，然后拖拽鼠标绘制出一个黑色的矩形，效果如图2-105所示。

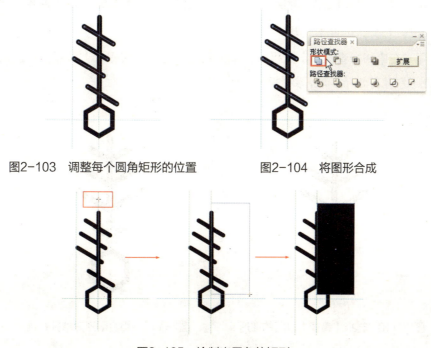

图2-103 调整每个圆角矩形的位置　　　图2-104 将图形合成

图2-105 绘制出黑色的矩形

(11) 使用 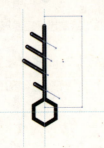【选择工具】，框选4个调整好位置的雪花分支图形，然后按下【Shift】键，将黑色的矩形图像也同时选择。在【路径查找器】面板中，单击 【与形状区域相减】按钮，将多余的雪花分支图形剪掉，效果如图2-106所示。接着在【路径查找器】面板中，单击 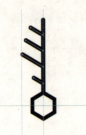【扩展】按钮，将当前的图形进行扩展处理，如图2-107所示。

图2-106 剪掉多余的雪花分支图形　　图2-107 对图形进行扩展

(12) 在工具箱中选择 【镜像工具】，按【Alt】键的同时将鼠标放置在垂直和水平参考线的相交点上，在弹出的【镜像】对话框中选择【垂直】选项，并点击【复制】按钮，如图2-108所示。将雪花分支图形进行镜像的对称复制，效果如图2-109所示。

图2-108 设置【镜像】对话框参数　　图2-109 镜像对称复制的效果

(13) 使用 【选择工具】，将两个【镜像】以后的图形选择，如图2-110所示。然后按住【Alt】键的同时在【路径查找器】面板中，单击 【与形状区域相加】按钮，将这两个图形对象组合成新的图形对象并进行扩展，如图2-111所示。

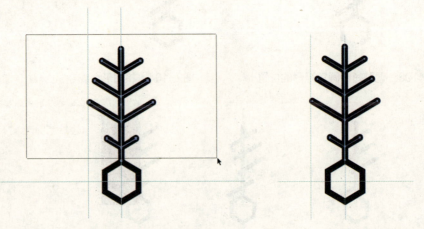

图2-110 选择【镜像】以后的图形　　图2-111 组合图形对象并扩展

(14) 在工具箱中单击 【旋转工具】，按住【Alt】键将鼠标放置到垂直和水平参考线的相交点上，在弹出的【旋转】对话框中设置【角度】的数值为【60】度，并且单击【复制】按钮，将雪花的图形复制出来，效果如图2-112所示。接着按下【Ctrl+D】键继续进行4次图形的复制，完成整体雪花图形的复制，如图2-113所示。

图2-112　旋转复制雪花图形　　　　图2-113　连续复制图形

(15) 按下【Ctrl+A】键，选择所有的雪花图形的分支图形，选择【对象】→【扩展】命令，在弹出的【扩展】对话框中勾选【填充】、【描边】选项，如图2-114所示。接着按住【Alt】键的同时在【路径查找器】面板中，单击 【与形状区域相加】按钮，将所有的雪花图形都扩展结合成一个整体的图形，如图2-115所示。最终的雪花效果如图2-116所示。

图2-114　扩展雪花图形　　　　图2-115　扩展结合图形

图2-116　雪花的最终效果

2.5 本章小结

通过本章的学习可以使读者了解与掌握Illustrator主要的基本绘图工具的概念与基本的使用方法。因为Illustrator主要就是一款基于矢量绘图的软件,所以掌握好本章的内容对于今后全面地掌握好Illustrator软件来说是至关重要的。希望读者要多加练习,尤其是掌握绘制简单的基本图形,掌握铅笔工具的使用及绘图,掌握钢笔工具的使用方法及绘图方法。

思考与练习

1) 填空题

(1) Illustrator的基本绘图方法一般有3种。第一种方法是_____、第二种方法是_____、第三种方法是_____。

(2) 在Illustrator软件中,徒手绘制的工具一般可以分为_____、_____、_____、_____等主要的绘图工具。

2) 问答题

(1) 在工具箱中的【钢笔工具】组中一共包括了几种钢笔工具?它们分别是什么?

(2) 如何使用【铅笔工具】绘制闭合的路径曲线?

3) 操作题

(1) 使用钢笔工具绘制一个简单的卡通角色图形。

(2) 使用铅笔工具绘制一个速写性的图形作品。

第3章

颜色、色板与路径查找器

颜色会带给我们一个缤纷、绚烂的世界，Illustrator为用户提供了许多的颜色模式以及颜色的填充方法。用户可以通过自己的需要来决定采用哪种方法填充颜色，在一开始的时候我们就要学会如何管理颜色以及有计划地做好颜色的计划，这些都是获得一个好作品的先决条件。这些之后就是如何为对象进行上色了，由于对象的不同，一种是为对象的内部进行填充；另一种是为对象的边缘进行填充。对象内部的填充方法有很多种，例如：单色填充、简便填充、图案填充、网格简便填充等方式，这些方法都是赋予矢量作品生命力的重要手段。

本章学习重点与要点：

(1) 颜色控制面板；

(2) 色彩模式；

(3) 颜色的填充；

(4) 路径查找器的概念以及应用。

3.1 色彩的认识及管理

色彩是我们在设计时必须掌握的主要知识。用各类的色彩模式来绘制数字图形是Illustrator的重要功能。通常观众在欣赏一幅作品时，首先传递给观众的最基本感觉就是作品中的色彩信息。例如，一幅橙汁的商业广告设计采用的是暖色调，传递给观众的感觉会是香甜，有购买欲望。因此色彩是一个成功作品中不可缺少的组成元素。

3.1.1 颜色控制面板

颜色控制面板是用来进行颜色调节和管理的面板。要调出颜色控制面板有3种方法，执行【窗口】→【颜色】命令；单击工具箱下方的□颜色按钮或者是按下键盘上的【F6】键，如图3-1所示。使用颜色面板可以将颜色用于对象的填色和描边，还可以编辑和混合颜色。按住鼠标左键分别拖拽各个单色条下的滑块，或者直接在右侧窗口中输入适当的数值就可以调出所需的颜色。

此外，也可以将鼠标移动至颜色面板下方的颜色条，当光标变为🖉图标时，单击所需要的颜色；按住鼠标在颜色条上滑过，可以看到颜色也随之发生了变化，选好所需的颜色后松开鼠标；如果要取消所有的颜色或者是不选择任何颜色，选择颜色条左侧的【无】框，要选择白色，单击颜色条右上角的白色色板；要选择黑色，单击颜色条右下角的黑色色板。

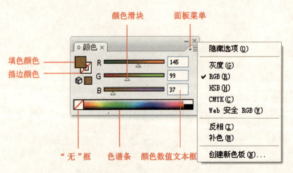

图3-1 颜色面板

> 从面板菜单选择的颜色模式，只影响【颜色】面板的显示，不会更改文档的颜色模式。执行【文件】→【文档颜色模式】→【CMYK颜色】或【RGB颜色】命令，可以更改文档的颜色模式。

(1)【反相】：就是将颜色的每种成分更改为颜色标度上的相反值。具体的操作步骤为首先选择要更改颜色的图形，单击颜色面板中右侧的黑色三角按钮，在弹出的下拉菜单中选择【反相】命令，表示将颜色的每种成分更改为颜色标度上的相反值。如RGB的数值分别为R为87、G为199、B为255，如图3-2所示；执行反相命令后将RGB的数值分别更改为R为168、G为56、B为0，如图3-3所示。

图3-2　反相之前的颜色数值及效果　　　　图3-3　反相之后的颜色数值及效果

(2)【补色】：选择要更改颜色的图形，单击颜色面板中右侧的黑色三角按钮，在弹出的下拉菜单中选择【补色】命令，表示将颜色的每种成分更改为基于所选颜色的最高和最低RGB值总和的新值。Illustrator添加当前颜色的最低和最高RGB值，然后从该值中减去每个成分的值，产生新RGB值。如RGB的数值分别为R为87、G为199、B为255，如图3-4所示。从该新值中减去现有颜色的RGB值，产生新RGB补值分别为R为255、G为143、B为87，如图3-5所示。

 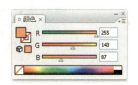

图3-4　补色之前的颜色数值及效果　　　　图3-5　补色之后的颜色数值及效果

3.1.2 色彩的模式

由于不同的颜色在色彩的表现上存在某些差异，色彩被分为若干种色彩模式，如RGB模式、CMYK模式、灰度模式、HSB色彩模式。下面让我们来进一步了解。

1) RGB色彩模式

RGB色彩模式是一种最为常见、使用最广泛的颜色模式，它是以有色光的三原色理论为基础的。在RGB色彩模式中，任何色彩都被分解为不同强度的红、绿、蓝3种色光，其中R代表红色，G代表绿色，B代表蓝色，在这3种颜色的重叠位置分别产生了青色、洋红、黄色和白色。这3种颜色都有256（0～255）种不同的亮度值，所以将这三种色彩叠加就可以产生1670万种颜色。RGB的亮度值越小，产生的颜色就越深；而亮度值越大，产生的颜色就越浅。RGB均为0时，将产生黑色；而当RGB值均为255时，将产生白色。图3-6所示为显示器通过红色、绿色和蓝色荧光粉发射光线产生颜色。

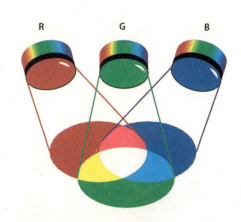

图3-6　RGB色光的混合效果

2) CMYK色彩模式

当你的设计作品需要使用印刷的方式进行展示的时候，就需要使用CMYK色彩模式。在颜色面板中的菜单中选择CMYK色彩模式，则颜色面板上会显示出四色印刷所使用的青色(Cyan)、洋红色(Magenta)、黄色(Yellow)和黑色（Black），它们的缩写分别是C、M、Y、K，分别代表了4种印刷中的颜料油墨。CMYK在本质上与RGB模式没什么区别，只是产生颜色的原理不同。在RGB颜色模式中由光源发出的色光混合生成了颜色，而在CMYK色彩模式中由光线照到有不同比例C、M、Y、K油墨的纸上，随着C、M、Y、K四种成分的增多，反射到人眼的光会越来越少，光线的亮度会越来越低，所有CMYK模式产生颜色的方法又被称为色光减色法，如图3-7所示。

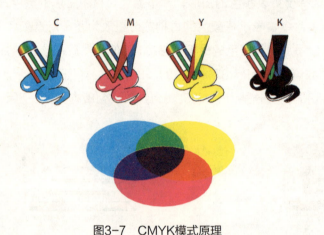

图3-7　CMYK模式原理

3) HSB色彩模式

HSB模式是基于人眼对色彩的观察来定义的描述了颜色的 3 种基本特性。

(1) 色相：指反射自物体或投射自物体的颜色，它是颜色彼此区别的最重要的特征。在 0°～360° 的标准色轮上，按位置度量色相。在通常的使用中，色相由颜色名称标识，如红色、橙色或绿色。

(2) 饱和度：指颜色的强度或纯度（有时称为色度）。饱和度表示色相中灰色分量所占的比例，它使用从0（灰色）～100%（完全饱和）的百分比来度量。在标准色轮上，饱和度从中心到边缘递增。

(3) 亮度：指颜色的相对明暗程度，通常使用从0（黑色）～100%（白色）的百分比来度量。如图3-8所示为HSB颜色模型。

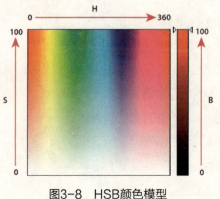

图3-8　HSB颜色模型

4) Lab色彩模式

CIE Lab 颜色模型是基于人对颜色的感觉而言的。它是由专门制定各方面光线标准的组织 Commission Internationale d'Eclairage（简称CIE）创建的数种颜色模型之一。Lab中的数值描述正常人的视力能够看到的所有颜色。因为Lab描述的是颜色的显示方式，而不是设备（如显示器、桌面打印机或数码相机）生成颜色所需的特定色料的数量，所以 Lab 被视为与设备无关的颜色模型。

色彩管理系统使用 Lab 作为色标，将颜色从一个色彩空间转换到另一个色彩空间。Lab 颜色是以一个亮度分量L以及两个a和b来表示颜色的。其中L的取值范围是0～100，a分量代表由蓝色到黄色的光谱变化，a和b的取值范围均为-120～120。在 Illustrator 中，可以使用 Lab 模型创建、显示和输出专色色板。但是，不能以 Lab 模式创建文档。

5) 灰度模式

灰度使用黑色调表示物体。从黑色油墨覆盖的百分比角度来描述的话，每个灰度对象都具有从 0（白色）～100%（黑色）的亮度值。此外，灰度模式可以使用多达256级灰度来表现图像，使图像的过渡更平滑细腻。也就是说灰度图像的每一个像素具有0（黑色）～255（白色）之间的亮度值。使用黑白或灰度扫描仪生成的图像通常以灰度显示。使用灰度还可将彩色图稿转换为高质量黑白图稿。在这种情况下，Adobe Illustrator 放弃原始图稿中的所有颜色信息；转换对象的灰色级别（阴影）表示原始对象的明度。将灰度对象转换为 RGB 时，每个对象的颜色值代表对象之前的灰度值。也可以将灰度对象转换为 CMYK 对象。

6) Web安全RGB（W）色彩模式

Illustrator 一直就是一款适合网页设计的平面软件。因此经常会使用到网页专用的安全色彩，我们可以直接在颜色面板中调用网页颜色，只要在颜色面板的菜单中选择Web安全RGB（W）即可，如图3-9所示。这里的网页RGB色彩模式是显以16进制计算的网页RGB色彩元素的百分比值，我们可以在颜色数值的文本框内输入想要的数值，也可以通过刻度颜色滑块来调整百分比值就可以得到网页色彩，还可以直接在颜色条上直接点击来选择想要的网页颜色。

图3-9　Web安全RGB（W）色彩模式

3.1.3 色板面板

色板控制面板是命名颜色、色调、渐变和图案存储的面板。例如已经在颜色控板中预先设置好了颜色，就可以将该颜色保存到色板面板中备用，等到需要使用时就可以直接调用，而不需重复设置颜色。

1) 认识色板面板

调用色板可以执行【窗口】→【色板】命令，就可以弹出色板面板。要显示特定类型的色板并隐藏所有其他色板，可以单击面板下方的【色板库菜单】、【显示色板类型菜单】、【色板选项】、【新建颜色组】、【新建色板】、【删除色板】按钮，如图3-10所示。单击色板面板右侧的黑色三角按钮，可以通过弹出的下拉菜单选择【打开色板库】，如图3-11所示。

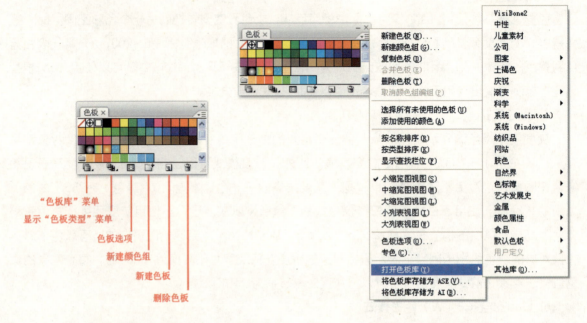

图3-10　色板面板　　　　图3-11　从色板面板中打开色板库

色板面板中可以显示不同类型的色板，它们可以分为【颜色色板】、【渐变色板】、【图案色板】。单击色板面板下方的【显示"色板类型"菜单】按钮，在弹出的菜单中选择【显示颜色色板】，这时的色板中显示的全部都是单色的颜色，我们可以单击选择想要的各类颜色，如图3-12所示；在弹出的菜单中选择【显示渐变色板】，这时的色板中显示的全部都是渐变的颜色样本如图3-13所示；在弹出的菜单中选择【显示图案色板】，这时色板中显示的全部都是图案的样本如图3-14所示。

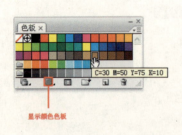 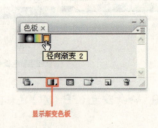 

图3-12　显示颜色色板　　图3-13　显示渐变色板　　图3-14　显示图案色板

单击色板面板右侧的黑色三角按钮，在弹出的下拉菜单中选择一个视图选项：小缩览图视图、大缩览图视图还有列表视图等，这些都可以更改色板的显示效果，如图3-15所示。从色板面板下拉菜单中选择排序选项：按名称排序或按类型排序，还可以更改色板顺序，如图3-16所示。

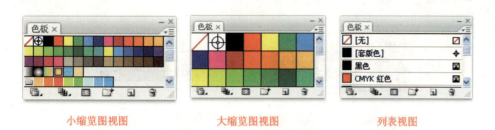

小缩览图视图　　　　　大缩览图视图　　　　　列表视图

图3-15　视图的不同显示方式

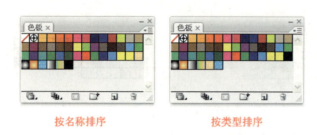

按名称排序　　　　　按类型排序

图3-16　不同的排序方式

下面我们来看看如何将自定义的颜色、图案在色板内进行储存、复制和删除。在颜色面板中首先设置好颜色后，使用鼠标单击拖拽至【颜色】面板左上角的预览框，拖拽到【色板】面板中再松开鼠标，如图3-17所示，这样定义好的颜色就储存到【色板】的颜色之中了。

图3-17　在色板中储存颜色

单击并拖拽新的颜色样本到【新建色板】按钮中再松开鼠标，如图3-18所示，或者是使用鼠标点击一下颜色样本然后单击【新建色板】按钮，同样可以复制颜色，如图3-19所示。

图3-18　复制颜色样本方法1

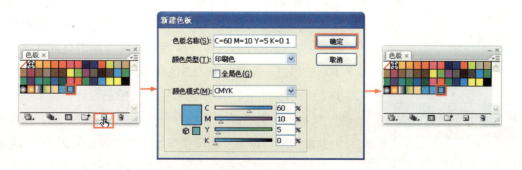

图3-19　复制颜色样本方法2

同样的道理，单击并拖拽新的颜色样本到【删除色板】按钮中然后松开鼠标，就可以删除【色板】中的颜色样本，如图3-20所示；还可以选中颜色样本后，单击【删除色板】按钮，就可以删除颜色样本，如图3-21所示。

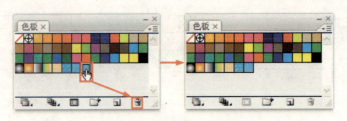

图3-20　删除颜色样本方法1

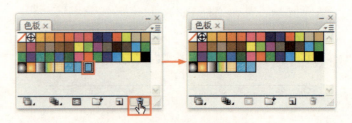

图3-21　删除颜色样本方法2

2）色板库与商业设计配色

我们都知道在实际的商业设计中，色彩的应用是决定一幅设计作品成败的关键所在。但是能够熟练并正确地应用好色彩，一直是困扰许多设计师的难点所在。在实际的设计中，对设计进行配色通常是设计师的直觉感受或者多次反复实验以及长期色彩应用的经验积累。例如，对网页颜色的配色设计，要考虑各种颜色的色调、饱和度等，最终才能达到比较好的配色效果。但是，这种所谓常规的配色设计方法并不是最正确和科学的配色方法。这里要告诉读者的是，正确的配色设计方法是首先要确定一幅设计作品的关键形容词，简单的说就是你的作品要表达一种什么样的情感及意象。然后再根据语言中的形容词挑选出表现意象配色所需的色彩，这就是调色板。

这种调色板的方法，可以使设计完全按照视觉化的配色流程得以顺利进行，如图3-22所示。在配色工作中，有准备好的调色板帮助，在选择颜色的时候就不会迷茫和犹豫不决了。配色需要表现意象和传达出正确的信息，机械地配色是没有意义的。例如要在一副设计作品中表现"前卫"的色彩意象含义，我们首先就要考虑设计中的"前卫"是我们视觉上的新鲜感。所以用互补色进行组合是一种传达这种意象的有效方法，为强调清新的感觉，配色中加入白色和亮灰色更能突出这个效果，如图3-23所示。图3-24所示为一幅海报招贴设计，为了很好地表现出"party"聚会的"激情"与食物的"食欲"感，所以从这两个意象的形容词出发选择相应的能够表现出含义的多个色彩，然后再将这些色彩组合为本幅作品的调色板。接下去的配色工作，就是根据调色板的各类颜色来进行全程可视化的科学配色。

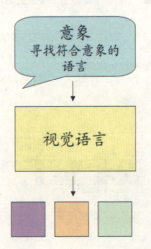

图3-22　配色设计流程

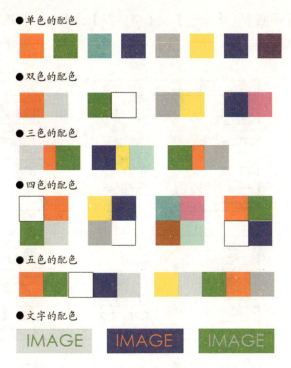

图3-23 "前卫"的配色调色板

图3-24 根据调色板进行的配色设计

以上了解根据调色板进行配色的方法后，我们结合Illustrator软件的学习就会惊奇地发现【色板】面板恰好可以给我们进行科学的色彩配色工作提供极大的方便。尤其是【色板】面板中的色板库更是鲜为人知的专业配色利器！下面我们来了解具体的方法，单击【色板】面板右侧的黑色三角按钮，可以通过弹出的下拉菜单选择【打开色板库】，之后弹出的菜单列表中我们可以看到Illustrator软件已经为用户准备了多项各种类型的色板预设。例如【儿童素材】、

【庆祝】、【科学】、【网站】、【肤色】、【自然界】、【食品】等商业设计的专项常用调色板色彩样本，如图3-25所示。

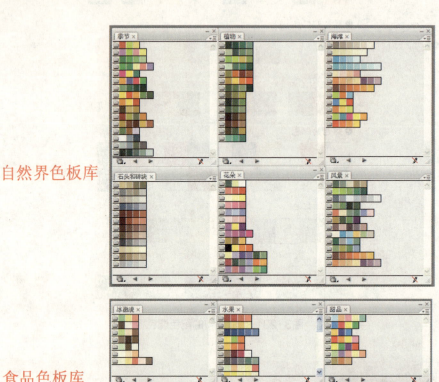

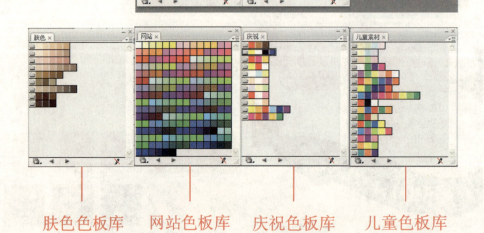

图3-25 常用设计类预设色板库

【色板库】中的各类预设色板可以进行有效的组合以及管理。例如：执行【窗口】→【色板】→【打开色板库】→【儿童素材】，如图3-26所示。用同样的方法打开【庆祝】色板库，如图3-27所示。接着将鼠标放在【庆祝】色板库面板上拖拽鼠标将其拖拽至【儿童素材】色板库的面板中，然后松开鼠标就可以将这两个色板库面板组合起来，如图3-28所示。在【色板库】面板中点击 ◀【加载上一色板库】按钮，依次加载色板库菜单中的其他色板色彩样本；同样，在【色板库】面板中还可以点击 ◀【加载下一色板库】按钮，依次加载色板库菜单中的其他色板库色彩样本，如图3-29所示。

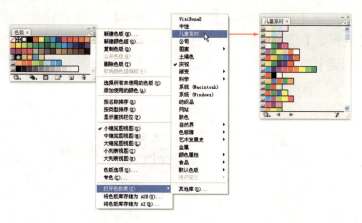

图3-26　开启【儿童素材】色板库

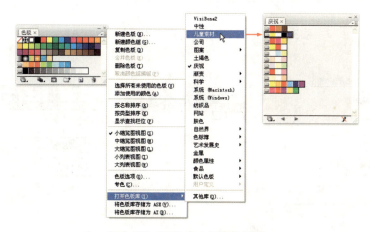

图3-27　开启【庆祝】色板库

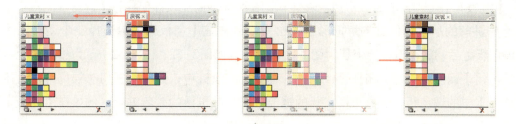

图3-28　组合各类色板库

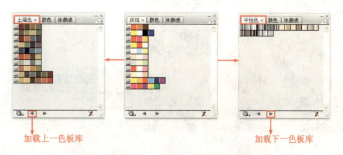

图3-29　加载各类色板库

【色板库】与【色板】面板之间有着非常直接的关联性,下面我们来了解一下【色板库】与【色板】面板之间的应用方法与关系。要想将【色板库】中的色彩样本直接的应用到【色板】面板中,最直接的方法是在【色板库】面板中选择想要的其中一个【色板组】,然后直接使用鼠标点击该【色板组】最右侧的 📁【色板组文件夹】图标按钮,然后就可以看到选择的【色板库】中的【色板组】已经加载到了【色板】面板中,如图3-30所示。还有一种方法是直接将鼠标放到【色板组】最右侧的 📁【色板组文件夹】图标按钮上,然后拖拽鼠标将其拖拽至【色板】中即可,如图3-31所示。

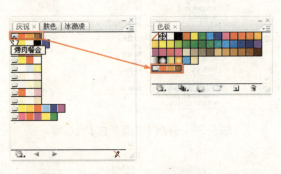

图3-30 加载【色板库】到【色板】面板方法1

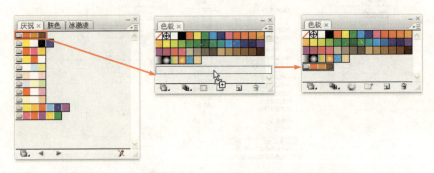

图3-31 加载【色板库】到【色板】面板方法2

【色板库】中预设的各类常用色彩样本,在实际的商业设计中具有十分重要的应用价值。按照之前讲解的从设计作品的意象形容词出发,首先在【色板库】中选择一个适合的【颜色组】调色板之后,就可以按照流程为图形设置颜色,如图3-32、图3-33所示为根据【色板库】的【颜色组】调色板进行的商业设计配色。在实际的设计中,并不是任何时候都可以直接调用【色板库】中的调色板,而是根据实际的需要进行一些灵活的颜色编辑。例如在【色板】面板

图3-32 运用【色板库】的【颜色组】进行配色1

中，首先用鼠标点击已经加载好的【色板库】→【颜色组】中的【色板组文件夹】图标按钮，接着鼠标单击【色板】面板最下方的【编辑颜色组】按钮，然后在弹出的【实时颜色】对话框中对每个颜色进行调整，如图3-34所示。

图3-33 运用【色板库】的【颜色组】进行配色2

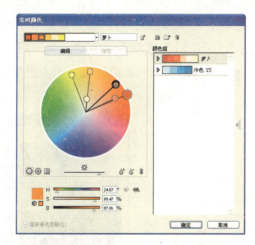

图3-34 对【颜色组】进行编辑

3.1.4 填色描边与拾色器

1) 填色和描边

【填色】是指对象图形中的颜色、图案或渐变。填色可以应用于开放和封闭的对象，以及【实时上色】组的表面，如图3-35所示。【描边】是指对象的外轮廓以及【实时上色】组的边。

【描边】可以实现对象边缘轮廓的宽度和颜色，还可以实现虚线描边、用画笔绘制风格化描边，如图3-35所示。

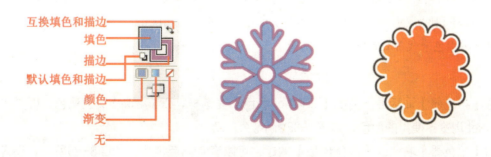

图3-35 填色与描边的概念及效果

双击【填色】按钮或者【描边】按钮,使用【拾色器】选择颜色。

单击【互换填色和描边】按钮,以便在填色和描边之间切换颜色,或者按下键盘上的【Shift+X】快捷键。

单击【默认填色和描边】按钮,返回默认的颜色设置(白色填色和黑色描边),或者直接按下键盘上的【D】键。

单击【颜色】按钮,将上次选定的纯色应用于具有渐变填色或者没有描边或填色的对象。

单击【渐变】按钮,将当前选定的填色改为上次选定的渐变。

单击【无】按钮,删除对象的填色或描边。

2)拾色器

双击工具箱中的【填色】按钮,或者在【颜色】面板中双击【填色】按钮,打开【拾色器】面板,如图3-36所示。

【拾色器】还可以通过选择色谱、定义颜色值或者单击【色板】等方式,选择对象的填色或者描边颜色。使用【拾色器】选择颜色有3种方法:首先可以在色谱中单击或拖动圆形标记,指示色谱中颜色的位置;也可以沿着颜色滑块拖动三角形或在颜色滑块中单击颜色;此外,还可以在HSB、RGB、CMYK或十六进制颜色值数值框中输入数值,如图3-37所示。

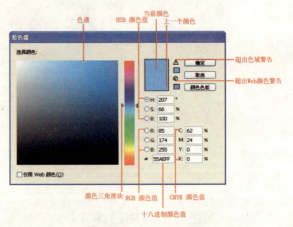

 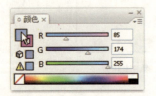

图3-36 拾色器的使用

图3-37 拾色器示意图

△【超出色域警告】就是提示当前的颜色超出了正常的色域值,无法真实的被印刷出来,这时,可以用鼠标点击一下△【超出色域警告】图标按钮,这时,就会自动产生一个可以被印刷出来的接近颜色来代替之前的超出色域的颜色。◎【超出Web颜色警告】与【超出色域警告】意义相近,是指当前的颜色已经超出了Web颜色显示范围,同样可以点击一下◎【超出Web颜色警告】按钮就可以用接近的Web颜色来代替之前的超出的颜色。

勾选【拾色器】面板最下方的【仅限Web颜色】复选框,仅显示Web安全颜色,即与平台无关的所有Web浏览器使用的颜色,如图3-38所示。

单击【拾色器】右侧的【颜色色板】按钮,可以查看颜色色板,如图3-39所示,还可以在颜色色板中选择合适的颜色。单击右侧的【颜色模型】按钮还可以返回继续查看色谱。

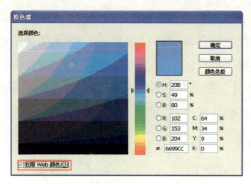
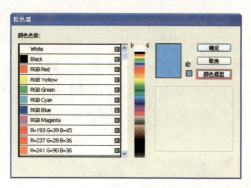

图3-38　仅显示Web安全颜色　　　　　图3-39　【颜色色板】

3.2 路径查找器

【路径查找器】面板是对于对象重新造型的一项重要工具，它包括了一组功能非常强大的路径编辑命令。使用【路径查找器】面板可以将许多简单的路径经过特定的运算之后形成各种复杂的路径形态。【路径查找器】面板为我们提供了10种不同的对象重新造型的功能，其中可以分为【形状模式】和【路径查找器】等两大类路径运算命令。

3.2.1 形状模式

在首先执行【窗口】→【路径查找器】命令后，就可以调出【路径查找器】面板，还可以使用【Ctrl+Shift+F9】组合快捷键调出【路径查找器】面板，如图3-40所示。形状模式的修整具有允许重新编辑的能力，并且它和Photoshop的形状是互通的，这些形状是可以在Photoshop中再被编辑的。

图3-40　【路径查找器】面板

1）与形状区域相加

【与形状区域相加】是指将组件区域添加到底层几何形状中。描摹所有对象的轮廓，就像它们是单独的、已合并的对象一样。此选项所产生的结果形状会采用顶层对象的上色属性。例如，图3-41所示的两个不同颜色的太阳对象图形，紫色的对象图形在上方。然后同时选择这两个对象图形，用鼠标单击【路径查找器】面板中的 【与形状区域相加】按钮，这时我们可以看到两个对象图形相加，合并成为一个对象图形，原来黄色的对象图形也变为它上一层的紫色对象图形，如图3-42所示。

图3-41　选择两个太阳对象图形　　　　图3-42 使用【与形状区域相加】后的效果

2) 与形状区域相减

【与形状区域相减】是指使下层的对象依照上层对象的形状来剪裁，相互交叠的部分会全部被删除，只保留下层对象与上层对象不重叠、相交的部分。同时选择两个对象图形（图3-43），用鼠标单击【路径查找器】面板中的 【与形状区域相减】按钮，这时我们可以看到两个对象图形只保留了下层黄色对象没有重叠、交相的部分，如图3-44所示。

 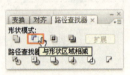 

图3-43　选择两个对象图形　　　　　　　　图3-44　使用【与形状区域相减】后的效果

3) 与形状区域相交

【与形状区域相交】是指只保留对象之间的交集部分，所有对象没有相交的部分将会被删除掉，产生新的图形颜色属性会与最上层的对象相同。如图3-45所示，同时选择两个对象图形，用鼠标单击【路径查找器】面板中的 【与形状区域相交】按钮，这时我们看到两个对象图形只保留下了相互交集的部分，而颜色也变为了上一层的紫色，如图3-46所示。

 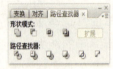

图3-45　选择两个对象图形　　　　　　　　图3-46　使用【与形状区域相交】后的效果

4) 排除重叠形状区域

【排除重叠形状区域】这个命令可以使对象相互重叠的部分呈透明而镂空的状态，而未交叠的部分就会与上一层对象的颜色属性相同。图3-47所示的选择两个相互重叠的对象，然后按下【路径查找器】面板中的 【排除重叠形状区域】按钮，这时，对象相互重叠的部分就消失了，而未交叠的部分变为了紫色对象，如图3-48所示。

图3-47　选择两个对象图形　　　　　　　　图3-48　使用【排除重叠形状区域】后的效果

> 以上【形状模式】中的4个命令,实际上是属于复合形状的运算操作。复合图形简单地说,就是不只是一个单独的对象形状而是由多个对象组成的单一对象。但是通过以上【形状模式】中的4个命令的复合形状的运算之后,并没有使多个对象合并为一个单一对象,仍然可以对其进行编辑操作。除此之外,还可以删除掉复合形状的运算。如图3-49所示,选择两个使用【排除重叠形状区域】命令后的对象,然后单击【路径查找器】面板中右侧的黑色三角按钮,在弹出的下拉菜单中选择【释放复合形状】命令,这时的两个对象又被还原成先前未进行【排除重叠形状区域】的状态,如图3-50所示。

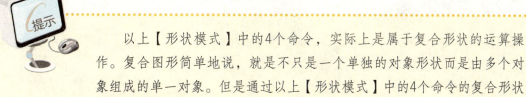

图3-49　选择【释放复合形状】命令

图3-50　使用【释放复合形状】命令后的效果

5) 扩展

对于经过复合形状运算后的对象,可以将其转换为一般的对象。首先选择运算后的对象,接着按下【路径查找器】面板中的【扩展】按钮,或者是单击【路径查找器】面板中右侧的黑色三角按钮,在弹出的下拉菜单中选择【扩展复合形状】命令。如图3-51(a)所示,选择两个使用【排除重叠形状区域】命令后的对象,然后单击【路径查找器】面板中的【扩展】按钮,这样复合运算形状对象就转换为一般的对象了,扩展复合形状会保持复合对象的形状,但不能再选择其中的单个组件,如图3-51(b)所示。

图3-51　对复合运算形状对象进行扩展

3.2.2 路径查找器

除了前面介绍的4种形状修整命令以外，Illustrator还为我们提供了6种路径查找器功能命令。它们同样可以用来改变对象的形状。

1) 分割运算

【分割】运算会把所有重叠对象依据位置而裁切成各个区域。选择重叠的对象以后在【路径查找器】面板中单击 【分割】按钮，接着再执行【对象】→【取消编组】命令，这样就可以将原来重叠的对象分割成多个单独的对象了，如图3-52所示。

2) 修边运算

首先选择重叠的对象，然后在【路径查找器】面板中单击【修边】 按钮，下层对象与上层对象重叠的地方将会被删除掉，上层对象则保持完好形状，最后再执行【对象】→【取消编组】命令，这样就可以分别的编辑已经被切割成独自区域的对象，如图3-53所示。

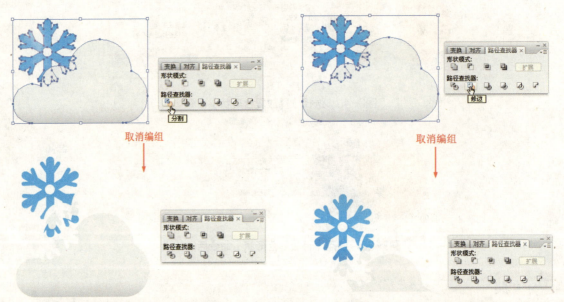

图3-52 【分割】后的效果　　　　　图3-53 【修边】后的效果

3) 合并运算

【合并】运算命令会将上下层颜色相同的重叠部分合并成一个单一图形，且会合并具有相同颜色的相邻或重叠的对象。上层不同颜色的部分则会被分割，而对象重叠但颜色不相同的部分则会被挖空去除。

首先选择重叠的对象，然后在【路径查找器】面板中单击【合并】 按钮最后再执行【对象】→【取消编组】命令，个别的编辑切割成独自区域的对象，如图3-54所示。

4) 裁剪运算

【裁剪】运算命令将图稿分割为作为其构成成分的填充表面，然后删除图稿中所有落在最上方对象边界之外的部分，这还会删除所有描边。首先选择重叠的对象，然后在【路径查找器】面板中单击【裁剪】 按钮，则所有超过上层对象范围的图形都会被删除，只保留上层对象重叠的部分，如图3-55所示。

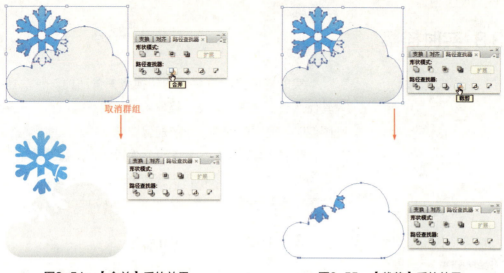

图3-54 【合并】后的效果　　　　图3-55 【裁剪】后的效果

5) 轮廓运算

【轮廓】可以将对象分割为其组件线段或边缘。准备需要对叠印对象进行陷印的图稿时，此命令非常有用。首先选择重叠的对象，然后在【路径查找器】面板中单击 【轮廓】按钮，所选取的重叠对象将会被分割，并且转变为轮廓外框线，而执行【对象】→【取消编组】命令，就可以个别的编辑已经分割成独自区域的对象了，如图3-56所示。

6) 减去后方对象运算

【减去后方对象】运算命令从最前面的对象中减去后面的对象。应用此命令，您可以通过调整堆栈顺序来删除插图中的某些区域。首先选择重叠的对象，然后在【路径查找器】面板中单击 【减去后方对象】按钮，就可以看到最前面的对象中减去后面对象的效果了，如图 3-57 所示。

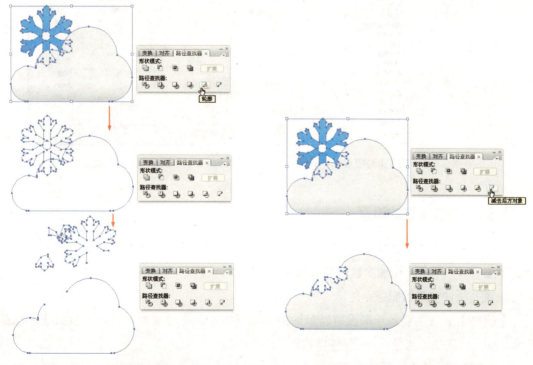

图3-56 【轮廓】后的效果　　　　图3-57 【减去后方对象】后的效果

3.3 实时描摹

实时描摹是用来将位图转换为矢量图的一种快捷方法。其优点是：快速，方便，操作简单。缺点是：在处理高分辨率图像时，处理时间慢，系统配置要求高，产生图形路径过于繁琐，图层太多，得到矢量图形文件过大，图像质量与原图有一定差距。实时临摹通常用于颜色单一或颜色比较少的图形进行位图转换矢量图。

3.3.1 实时描摹的操作

执行实时描摹可以通过两种办法实现。一种是通过菜单栏命令，执行【对象】→【实时描摹】命令来完成描摹操作，如图3-58所示。另一种方法是通过选中要转换的位图图片，在属性栏上修改，如图3-59所示。实时描摹可以通过描摹选项修改图形描摹后的效果。此外，想要具体的对所选择的位图进行矢量的描摹工作，可以通过执行【对象】→【实时描摹】→【描摹选项】命令的操作来开启【描摹选项】的对话框，在该对话框内进行详细的参数设置，如图3-60所示。

图3-58　引出实时描摹

图3-59　开启实时描摹

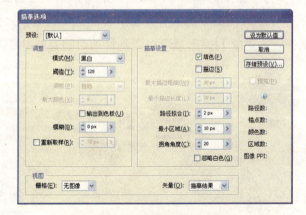

图3-60　【描摹选项】的对话框

3.3.2 描摹选项的设置

在【描摹选项】对话框中，一共分为3个板块：【调整】、【描摹设置】和【视图】。下面我们详细了解一下各个板块参数的具体概念。

1) 调整板块的参数概念

【调整】板块主要是用来设置转换后的颜色属性，其中最重要的就是【模式】板块的参数设置：其分为黑白、彩色、灰度3种模式。

(1)【黑白模式】：只拥有两种颜色，通过修改阈值修改黑与白的比例范围，倘若阈值设为最大255，转换出来的图形除了白色，其他颜色都将转换为黑色，如图3-61所示。倘若设置为最小1，图形上除黑色将保留，其余颜色都将转换成为白色。如图3-62所示，分别为图形的原始状态，阈值设置为1时的状态和255时的状态。

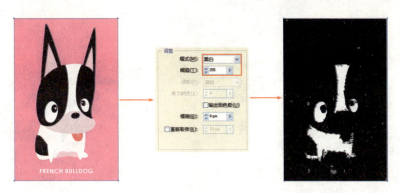

图3-61　阈值数值为255的效果

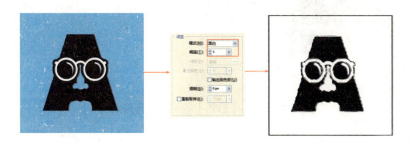

图3-62　阈值数值为1的效果

（2）【灰度模式】：是由白色到黑色，通过灰色过度的模式，通过修改"最大颜色"数值来修改灰色在画图中的数量。最大颜色设置为2将只有黑色与白色，将最大颜色设置为3将只有黑色、白色和50%灰色三种色彩，若设置为256，所转换出来的图形就相对细致了。如图3-63所示，分别为最大颜色为2时的状态、为3时的状态和为256时的状态。

（3）【彩色模式】：是通过图形本身颜色到系统提取最相近图形本身的颜色。将最大颜色设置为2将为黑与白，设置为3将为黑、白和黄，设置为256色图形就和原始的位图相似了。图3-64所示为最大颜色分别为2、3和256色下的状态。

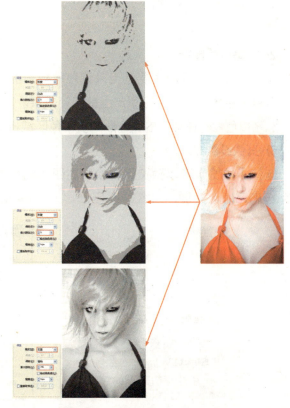

图3-63　【灰度】的不同设置效果

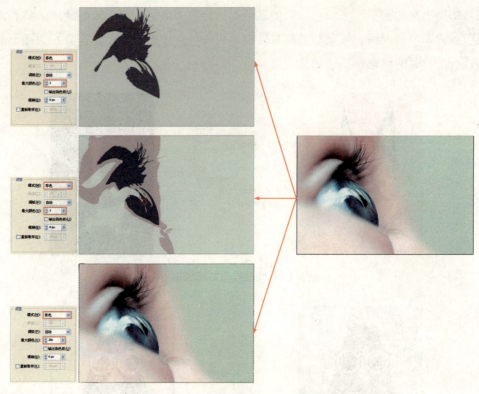

图3-64 【彩色】的不同设置效果

其他选项不必修改，模糊能为图像增加朦胧感，数值越大，模糊度越高，一般设置为0。

2）描摹设置概念

【描摹设置】板块主要是用来设置转换后的路径效果。通过修改路径拟合，最小区域和拐角角度来修改描摹后图形所产生的路径效果。数值越小，图越细致，一般情况将其设置为最低。忽略白色能将图形中的白色删除。白色区域将变成透明区域，如图3-65所示。

3）其他设置概念

选择【预览】可以预览到转换后的图形的状态，选择【存储预设】，可以将输入的数值保存起来，输入数值，如图3-66所示。单击 存储预设(V)... 【存储预设】按钮，弹出【存储描摹预

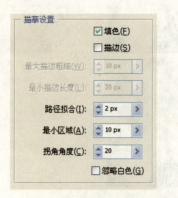

图3-65 【描摹设置】的参数选项

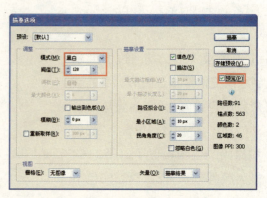

图3-66 【描摹选项】的设置

设】对话框，如图3-67所示，可以在文本框修改名称，然后选择确定，在【描摹选项】对话框中的预设内可以找到储存的数值，可以随时通过【描摹预设】和属性栏中的【实时描摹】的下拉菜单中调用此组参数直接对图形进行修改，如图3-68所示。当将图形转换成矢量图后，并没有路径和填充，所以需要选中图形，单击【扩展】【扩展】按钮，这样一个矢量图形才算完成（图3-69）。

图3-67　【存储描摹预设】对话框的设置

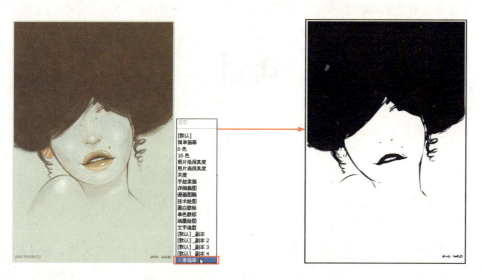

图3-68　调用【存储描摹预设】的设置

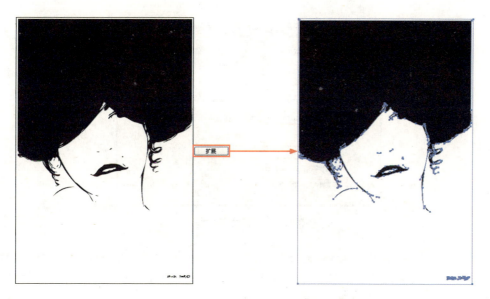

图3-69　单击【扩展】按钮完成矢量图

【视图】是用来设置预览时的设置，通常使用默认设置，就不做一一介绍了。

3.4 实例演练

3.4.1 应用色板制作色彩花体字

本实例为大家讲解在Illustrator中使用色板来进行彩色花体字颜色设置的方法。同时，也要了解与掌握文字效果的基本设置方法以及配合【钢笔工具】、【变形工具】等命令的综合使用。在本实例的设计与制作中色彩的搭配起到了非常重要的作用，巧妙地使用色板中的颜色预设可以极大提高设计的效率。本实例的最终效果，如图3-70所示。

图3-70　本实例最终效果

（1）启动Illustrator。选择【文件】→【新建】命令，建立一个新的文档，在【新建文档】对话框中，设置宽度为"15cm"，高度为"10cm"，单位为"厘米"，颜色模式为"RGB"，如图3-71所示。

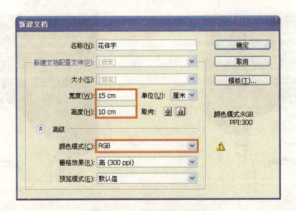

图3-71　建立新文档

（2）在工具箱中选择 T 【文字工具】，用鼠标在画板中点击一下，然后在界面上方的选项栏中将字符的颜色设置成为纯黑色，【描边】的颜色设置为 【无描边】，单击字体选项右侧的 下拉箭头，在弹出的字体列表中选择字体类型为【Palatino Linotype】，选择字体大小为【48pt】，如图3-72所示。接着输入文字【Love and Artist】，如图3-73所示。

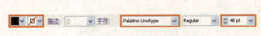

图3-72　字体的设置　　　　　　　　图3-73　输入文字的效果

(3) 在工具箱中选择 【选择工具】，然后点击选择输入的文字，接着单击鼠标右键，在弹出的列表中选择【创建轮廓】命令，效果如图3-74所示。

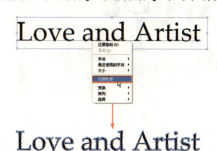

图3-74 对文字进行【创建轮廓】

对文字进行【创建轮廓】命令以后，这时的文字就由原先的文本属性变为了完全由点和路径构成的对象，这时我们就可以自由的对其进行各种编辑。

(4) 在工具箱中选择 【直接选择工具】，然后就可以分别选择【Love】单词中每个字母并单独的调整它们之间的关系位置。使用【直接选择工具】对【and】单词的每个字母进行单独的调整并框选【and】单词的三个字母，接着使用【选择工具】结合快捷键【Shift】对该单词进行整体的缩放，效果如图3-75所示。

图3-75 调整字母的效果

在使用 【直接选择工具】单独的选择字母对象时，注意要将鼠标放置到字母内部的颜色填充部分，不要放置到字母对象的边缘，否则将会拖动出路径中的每个节点，破坏整体的字母效果。

(5) 用同样的方法对【Artist】单词的每个字母进行单独的调整，单独的选择字母【i】单击鼠标右键，在弹出的列表中选择【释放复合路径】命令，这时就发现该字母的每个部分都分离了出来，使用【直接选择工具】选择【i】字母的小圆点，接着选择【选择工具】结合快捷键【Shift】对该单词进行整体的缩放如图3-76所示。整个字体调整的最终效果如图3-77所示。

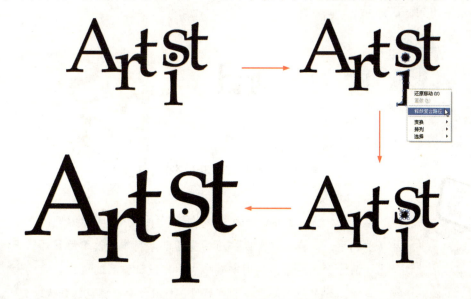

图3-76 缩放字母的效果

图3-77 字体调整的最终效果

在进行字体位置与关系的调整时,读者要多注意字母间的组合以及构成关系的处理,这实际上是属于字体创意及设计的能力,毕竟软件只是工具,创意和设计思维的提高才是灵魂。

(6) 下面对字体进行颜色设计。使用【直接选择工具】选择字母【O】,选择【窗口】→【色板】命令,在【色板】中选择【青色】,效果如图3-78所示。接着选择【窗口】→【颜色参考】命令,在下拉列表中选择【右补色】,这是一种预设好的套色颜色样本,如图3-79所示。

图3-78 选择【青色】

图3-79 选择【右补色】

(7) 接着按照调出的预设好的【参考颜色】中的颜色样本,分别对每个单词的字母进行颜色的设置,效果如图3-80所示。

图3-80 字体的颜色搭配效果

在Illustrator中预设了相当多的颜色样本,在实际的设计制作中我们要多加利用,这样不仅可以快速的提高设计制作的效率而且可以正确地传达出作品的颜色意象,从而准确地表达出设计作品的语意。希望大家多加练习与尝试,充分地发掘与利用好Illustrator预设颜色的强大功能。

(8) 下面对字体进行进一步的编辑。使用【直接选择工具】选择字母【L】，分别对该字母的左下角和右上角的节点进行拖动调整直至效果如图3-81所示。接着使用【钢笔工具】在字母的左下角处绘制一个效果如图3-82所示的【尾巴】图形。同样使用【钢笔工具】在最后的一个【t】字母的右下角绘制图形，效果如图3-83所示。

图3-81　调整字母的节点　　　图3-82　使用【钢笔工具】制作图形　　图3-83　使用【钢笔工具】制作图形

(9) 在工具箱中选择【变形工具】中的【旋转扭曲工具】，如图3-84所示。然后双击【旋转扭曲工具】，在弹出的【旋转扭曲工具】对话框中进行如图3-85所示的参数设置。

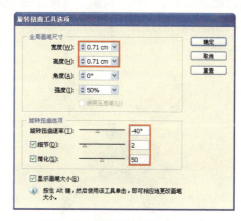

图3-84　选择【旋转扭曲工具】　　　　图3-85　设置【旋转扭曲工具】

(10) 使用【旋转扭曲工具】直接对字母【L】的左下角进行变形的操作，效果如图3-86所示。接着按住【Alt】键对【旋转扭曲工具】进行拖动，将【旋转扭曲工具】的画笔放大，然后对【t】字母的右下角进行变形的操作，效果如图3-87所示。

图3-86　字母的变形扭曲操作1　　　　图3-87　字母的变形扭曲操作2

(11) 最后再分别对其他的字母进行变形的扭曲操作,最后的花体字的最终效果如图3-88所示。

图3-88 本实例最终效果

3.4.2 绘制电脑UI图标的图形

在本实例中,为大家讲解电脑界面中的UI图标的图形绘制过程。电脑UI图标的图形绘制主要使用的是【路径查找器】命令,此外,再配合基本的绘图工具就可以绘制出较为复杂的图形效果。【路径查找器】与基本绘图工具的结合使用一直都是Illustrator软件中图形绘制的重点知识。电脑UI图标的图形绘制一共分为3个部分,分别是:螺丝刀、扳手、圆形按钮的图形绘制,如图3-89所示。

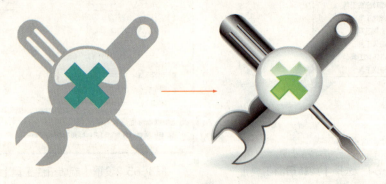

图3-89 本实例最终效果

(1) 启动Illustrator。选择【文件】→【新建】命令,建立一个新的文档,在【新建文档】对话框中,设置宽度为"600mm",高度为"550mm",单位为"毫米",【颜色模式】为"RGB",如图3-90所示。

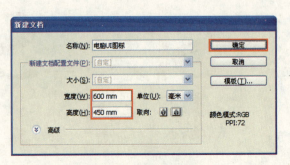

图3-90 建立新文档

(2) 首先使用基本绘图工具绘制螺丝刀图形。为了使下面的图形绘制更加的精确和便捷，可以首先执行【视图】→【智能参考线】命令，开启【智能参考线】。或者是按下快捷键【Ctrl+U】键，如图3-91所示。

图3-91　开启【智能参考线】

(3) 在工具箱中选择 【圆角矩形工具】，在画板中拖拽鼠标，绘制一个如图3-92所示的圆角矩形，要注意在拖动鼠标绘制的过程中需要配合键盘上的【↑】、【↓】方向键控制圆角半径的大小，将这个图形作为螺丝刀的手柄。

(4) 在工具箱中选择 【矩形工具】，在画板中的圆角矩形的下方拖拽鼠标，绘制一个如图3-93所示细长的直角矩形。我们将这一直角矩形作为螺丝刀的刀杆图形。

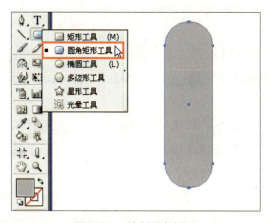

图3-92　绘制圆角矩形

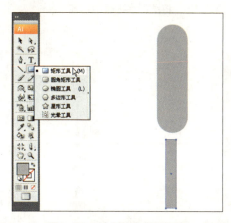

图3-93　绘制直角矩形刀杆

(5) 选择细长的直角矩形。执行【窗口】→【信息】命令，在弹出的【信息】面板右上角就会出现当前这个矩形的宽高比例数据。接着我们按照这个数据的【宽度】数值，在工具箱中选

择 【多边形工具】,在【多边形】对话框中将【半径】的数值设置成与细长矩形宽度的数值一致,绘制一个六边形,效果如图3-94所示。将这个六边形作为螺丝刀刀头的雏形。

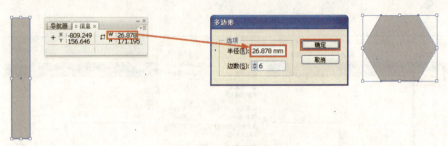

图3-94 绘制六边形

(6) 使用 【选择工具】,将画板中的三个图形全部选择,然后执行【窗口】→【对齐】命令,在【对齐】面板中单击 【水平居中对齐】按钮,将它们居中对齐,如图3-95所示。

(7) 编辑绘制螺丝刀的刀头图形。使用 【直接选择工具】并配合【Shift】键,连续选择六边形底部的2个锚点,选择锚点之后,依然按住【Shift】键不放,沿着【智能参考线】垂直向下拖动鼠标,绘制出螺丝刀的刀头图形,具体如图3-96所示。

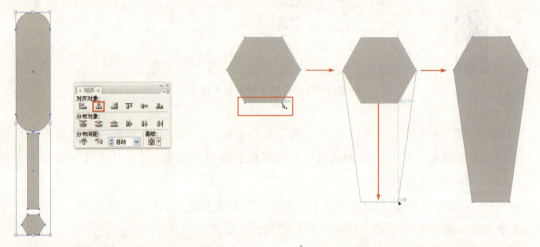

图3-95 将图形水平居中对齐　　图3-96 绘制螺丝刀的刀头图形

(8) 使用 【选择工具】选择刀杆矩形底部的中心锚点,将其垂直的向下进行拖动到螺丝刀的刀头的内部,效果如图3-97所示。

(9) 使用 【选择工具】选择螺丝刀的刀杆以及刀头的图形,然后选择【窗口】→【路径查找器】命令,在弹出的【路径查找器】面板中,单击 【与形状区域相加】按钮,将这2个图形对象组合起来,并单击 扩展 【扩展】按钮,将组合起来的图形对象扩展为一般填充对象,如图3-98所示。

(10) 绘制螺丝刀手柄的螺纹。再次使用 【圆角矩形工具】,在画板中拖拽鼠标,绘制一个圆角矩形,不要忘

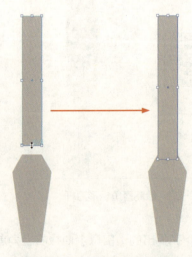

图3-97 移动刀杆图形的锚点

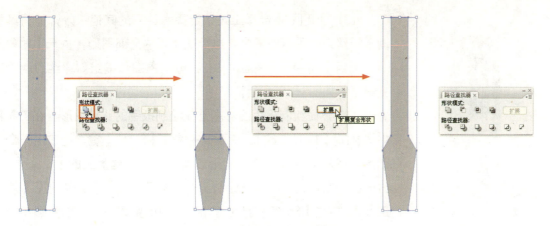

图3-98 组合对象图形并扩展

记在拖动鼠标的过程中配合键盘上的【↑】、【↓】方向键控制圆角半径的大小,接着选择绘制出来的圆角矩形,按住【Alt】键的同时再按下【Shift】键,复制一个圆角矩形,如图3-99所示。

(11)选择这两个圆角矩形状的手柄螺纹,执行【对象】→【编组】命令,将这两个圆角矩形编组。或者选择这两个圆角矩形后,按下快捷键【Ctrl+G】,将它们进行编组。接着再按住【Alt】键,将这两个手柄螺纹图形复制,以备后面的操作步骤中使用,如图3-100所示。然后再将两个圆角矩形与手柄图形进行【水平居中对齐】的操作,如图3-101所示。

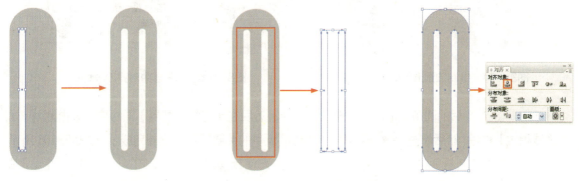

图3-99 绘制并复制手柄螺纹　　图3-100 将编组的手柄螺纹图形复制　　图3-101 水平居中对齐3个图形

(12)选择2个圆角矩形与手柄图形,在【路径查找器】面板中,单击【与形状区域相减】按钮,然后单击【扩展】按钮。螺丝刀的手柄就绘制完成了,如图3-102所示。

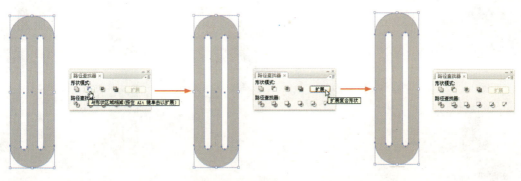

图3-102 相减图形并扩展

（13）使用 【选择工具】选择螺丝刀的其他部分，并将其移动至螺丝刀的手柄位置内。选择螺丝刀的全部图形，执行【对象】→【编组】命令，将螺丝刀的2部分对象图形编组。螺丝刀就绘制完成了，如图3-103所示。

（14）下面绘制扳手图形。首先绘制扳手的头部图形。在工具箱中选择 【椭圆工具】，在画板中按住【Shift】键，拖拽出一个正圆形。然后使用 【圆角矩形工具】并配合键盘上的【↑】、【↓】方向键，在正圆形的上方绘制出一个圆角矩形。接着使用 【选择工具】，按住【Shift】键在智能参考线的帮助下，将这个圆角矩形移动到正圆形的中心水平线的位置，如图3-104所示。

（15）使用 【选择工具】将圆角矩形和正圆形同时选择，然后在【对齐】面板中将这两个图形【水平居中对齐】，如图3-105所示。

图3-103　螺丝刀的图标效果

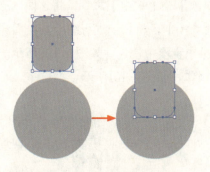

图3-104　绘制正圆形与圆角矩形

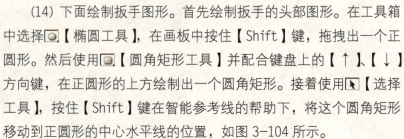

图3-105　水平居中对齐2个图形

（16）确定对齐后的圆角矩形与正圆形都被选择，然后在【路径查找器】面板中，单击 【与形状区域相减】按钮，然后单击 【扩展】按钮。扳手的头部图形就绘制完成了，如图3-106所示。

（17）下面绘制扳手图形的扳手柄等图形。首先使用 【圆角矩形工具】并配合键盘上的【↑】、【↓】方向键，在扳手头部的下方绘制出一个圆角矩形，来作为扳手的手柄图形。接着在扳手手柄的最下方使用【椭圆工具】按住【Shift】键，绘制出一个小的正圆形，然后在【对齐】面板中将这3个图形【水平居中对齐】，效果如图3-107所示。

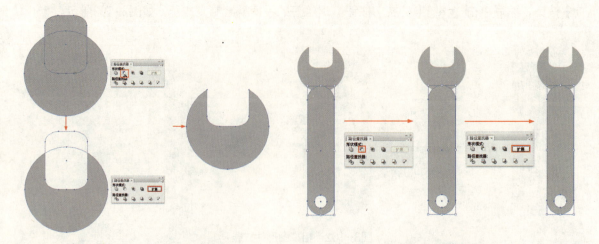

图3-106　绘制扳手头部图形　　　　　图3-107　将扳手的图形对齐

(18) 选择扳手的小正圆形与扳手手柄的圆角矩形,在【路径查找器】面板中,单击 【与形状区域相减】按钮,并单击 【扩展】按钮,如图3-108所示。这样扳手的手柄图形就完成了。

(19) 下面选择所有的扳手图形,执行【对象】→【编组】命令,将扳手所有的图形编组。至此,扳手的图形就绘制完成了,如图3-109所示。

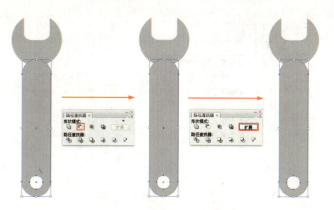
图3-108 完成扳手的手柄图形

图3-109 扳手图标的完成效果

要注意将螺丝刀与扳手图形的高度保持一致,这样会在后面的UI图标的组合中体现整体的效果。

(20) 使用 【选择工具】选择螺丝刀的编组图形,然后将鼠标移出至选择框的外侧,并将鼠标的光标放置到选择框的边角处,就会发现鼠标的光标由 变为 弯曲的旋转图标。这时,就可以拖动鼠标并按住【Shift】键将螺丝刀的图形旋转至水平的效果,如图3-110所示。

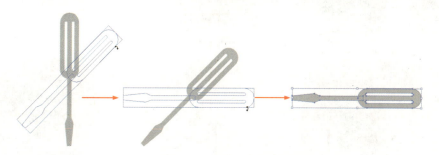
图3-110 旋转螺丝刀图形

(21) 用 【选择工具】将螺丝刀移动至扳手图形的位置,然后同时选择螺丝刀与扳手图形,接着在【对齐】面板中单击【水平居中对齐】 ,然后再单击 【垂直居中对齐】按钮,如图3-111所示。

(22) 确定螺丝刀与扳手图形都被选择的状态下,同样使用 【选择工具】将这两个图形旋转【45°】角,如图3-112所示。至

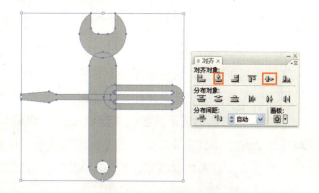
图3-111 将图形对齐

此，电脑UI图标的图形绘制过程就完成了，将当前的图形储存，我们将在第5章中为读者继续讲解如何将该电脑UI图标绘制出立体的渐变效果。

（23）绘制圆形按钮的图形。在工具箱中选择 【椭圆工具】，在画板中按住【Shift】键，拖拽绘制出一个正圆形，如图3-113所示。

图3-112 电脑UI图标的图形效果

图3-113 绘制正圆形

（24）绘制圆形按钮的交叉十字图形。选择 【矩形工具】，在新绘制的正圆形的中心位置绘制出细长的矩形。选择这个矩形，然后在工具箱中双击 【旋转工具】，在弹出的【旋转】对话框中设置【角度】的数值为【90°】，并单击【复制】按钮，将矩形按照【90°】的角度旋转复制，如图3-114所示。

（25）使用 【选择工具】并按住【Shift】键选择这两个矩形，然后将鼠标的光标放置到选择框的边角处，当鼠标的光标变为 弯曲的旋转图标时，再次按住【Shift】键，两个矩形旋转【45°】，效果如图3-115所示。这是一种螺纹钉的交叉十字图形。

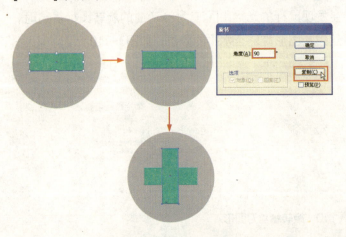

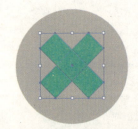

图3-114 旋转复制矩形　　　　　　　　图3-115 旋转移动交叉十字图形矩形

（26）确定两个矩形为被选择的状态。然后在弹出的【路径查找器】面板中，单击 【与形状区域相加】按钮，将这两个矩形对象组合起来，并单击 【扩展】按钮，将两个矩形对象扩展为一个整体的填充对象图形，如图3-116所示。

（27）开始绘制圆形按钮的高光效果。使用 【选择工具】，选择正圆形，双击工具箱中的 【比例缩放工具】，在弹出的【比例缩放】对话框中设置比例缩放为"95%"，并将不等比选区中的水平、垂直的数值都设置为"90%"，然后单击【复制】按钮。复制出一个稍微小一点的正圆形，如图3-117所示。

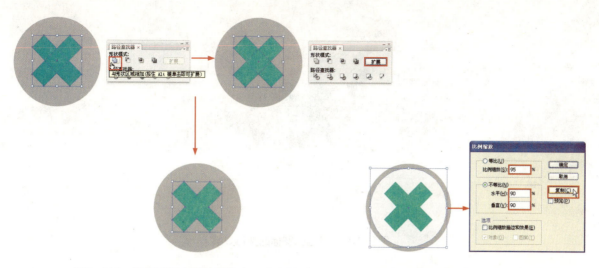

图3-116 将矩形组合并扩展为交叉十字图形　　图3-117 利用【比例缩放】复制圆形

(28) 使用 【直接选择工具】点击选中新复制出的小圆形的底部锚点,按住【Shift】键垂直的向上方拖动锚点,从而改变正圆形的形态,效果如图3-118所示。

(29) 选择 【选择工具】,将鼠标的光标移动至改变形态后的圆形图形的底部锚点,当光标变为↕时,按住鼠标并结合【Shift】键垂直的向上方拖动锚点将图形进行压缩,效果如图3-119所示。

图3-118 编辑正圆形　　　　　　　图3-119 使用【选择工具】压缩图形

(30) 同样使用 【选择工具】,将鼠标的光标移动至图形的右侧锚点,并结合【Alt】键,将图形由两侧向中心位置压缩图形,高光图形的最终效果如图3-120所示。圆形按钮就绘制完成了。

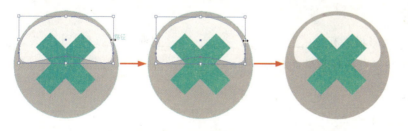

图3-120 向中心压缩图形

(31) 进行图标的组合。将圆形按钮图形暂时编组,下面使用【选择工具】和【对齐】等工具将电脑UI图标的图形进行组合,最终的电脑UI图标的图形绘制效果如图3-121所示。最后将当前的文件储存,我们将在后面的章节中为读者介绍如何使电脑UI图标绘制为立体的渐变质感效果。

图3-121 电脑UI图标的图形效果

3.5 本章小结

通过本章的学习可以使读者们了解与掌握Illustrator中颜色以及色板的相关概念，由于色彩是设计中非常重要的组成因素，所以掌握好颜色的知识可以对设计有很大的帮助，此外，熟练地掌握和应用好色板中的预设颜色样板，对于提高设计中的配色效率具有极大的帮助。本章中还重点讲解和介绍了路径查找器的概念和实例的应用，再配合基本的绘图工具的使用，就会使我们的图形绘制工作得到事半功倍的效果。

思考与练习

1) 填空题

(1) 常用的色彩模式有＿＿、＿＿、＿＿、＿＿和＿＿。

(2) 路径查找器中的形状模式有＿＿、＿＿、＿＿、＿＿。

2) 问答题

(1) 什么是RGB模式？

(2) 什么是CMYK模式？

(3) 用自己的语言描述一下如何使用色板中的预设颜色样本进行商业色彩设计。

3) 操作题

(1) 使用色板中的预设颜色样本进行商业设计的配色。

(2) 使用路径查找器绘制一个简单的几何标志图形。

第4章 路径、混合与画笔和符号

本章中将为大家介绍路径的基本概念和编辑应用方法,除此以外还有画笔工具以及符号工具的基本概念和应用方法。这些工具再配合其他的一些路径绘制工具以及基本的绘图工具可以完成复杂的图形绘制任务,此外,还会为大家讲解一些常用的经验和技巧。

本章学习重点与要点:

(1) 路径的基本概念;
(2) 路径的编辑;
(3) 混合工具的用法;
(4) 画笔工具的概念与用法;
(5) 符号工具的概念与用法。

4.1 路径的概念与编辑

路径的概念以及使用是Illustrator中最重要也是最基本的概念之一。矢量图形的绘制过程就是创建路径和编辑路径的过程，因此，路径的概念和应用是每一个学习Illustrator的读者所必须掌握的。

4.1.1 路径的基本概念

在Illustrator中使用绘图工具进行绘制时，所产生的线形被称为路径。路径是由一个或多个直线段或曲线段组成，图4-1所示为曲线路径，图4-2所示为直线路径。

图4-1　曲线路径效果　　　　　　图4-2　直线路径效果

路径线段的起始点和结束点都由锚点所表示。锚点的效果为控制路径线段的小正方形，在未被选择的状态下是空心效果，在选择的状态下是实心显示的，如图4-3所示。可以通过使用 【转换锚点工具】以及 【直接选择工具】的配合使用来编辑、调节路径的形态。 【转换锚点工具】可以灵活地编辑路径锚点的控制杆来调节路径的形态，具体是将鼠标指针放到控制杆的端点上，按住鼠标左键，拖动鼠标指针进行调节，满意后松开鼠标即可完成；而 【直接选择工具】可以对锚点进行移动操作以及对锚点的控制杆进行调节，具体是移动鼠标指针到锚点或者控制杆端点上，按住鼠标左键拖动调节从而改变路径的形态，如图4-4所示。

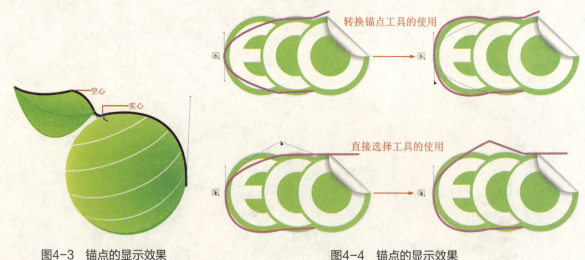

图4-3　锚点的显示效果　　　　　　图4-4　锚点的显示效果

路径具有两种锚点效果：【角点】与【平滑点】。【角点】是指路径线段之间相互垂直或者有非常尖锐的转折；而【平滑点】是指路径线段之间有较为平滑和柔和的过渡，是一种连续的曲线效果，通常一个较为复杂的路径同时由【角点】和【平滑点】共同构成，如图4-5所示电脑显示器的内侧路径由【角点】构成，外侧则由【平滑点】构成。

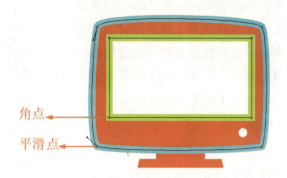

图4-5 【角点】与【平滑点】的效果

> 【角点】与【平滑点】之间的转换可以通过 【转换锚点工具】来完成。此外，路径可以是闭合的，同时，路径也可以是开放的，如图4-6所示。对于开放路径而言，路径的起始锚点成为端点。

图4-6 开放与闭合路径的效果

在绘制路径的时候，往往不可能一气呵成地将路径绘制理想，时常产生路径绘制过程中的中断，出现这个问题的时候我们可以使用延续路径的绘制方法来继续完成路径的绘制。此时，只要移动鼠标指针放到需要延续的锚点上，当鼠标指针呈 状态时，单击鼠标左键之后就可以继续进行路径的绘制，如图4-7所示。

图4-7 路径延续的描绘方法

4.1.2 路径的编辑

之前的章节中为读者讲解过了如何基本绘图工具以及【转换锚点工具】、【直接选择工具】绘制路径。然而，当我们需要绘制更为复杂的路径对象时，除了基本绘图工具的应用以外，还可以利用【对象】菜单中的【路径】命令进行辅助的绘制操作。执行【对象】→【路径】命令，就可以显示出【路径】菜单中的各项命令，如图4-8所示。

1) 路径的连接

路径的【连接】命令通常有两个用途：一是可以合并连接两条开放式的路径，使其变为一条单一的路径；二是可以将开放式的路径连接成为封闭的路径效果。如图要将两条分离的路径线段连接起来的话，可以先使用【直接选择工具】框选或者按住【Shift】键的同时，选择两条路径线段的端点，再执行【对象】→【路径】→【连接】命令，就可以将原来分开的两条线段结合起来，如图4-9所示。

图4-8 【路径】菜单中的各项命令

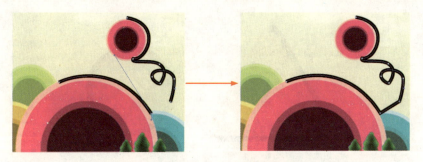

图4-9 使用【连接】命令连接两条分离的路径

当需要合并两条锚点重合的路径时，首先使用【直接选择工具】框选两个重合的锚点，然后执行【对象】→【路径】→【连接】命令，在弹出的【连接】对话框中选择【边角】或者是【平滑】连接方式，单击【确定】按钮后就可以完成连接，如图4-10所示。

图4-10 使用【连接】命令连接两条锚点重合的路径

2) 路径的平均

使用路径的【平均】命令，可以使所选择的锚点按照【水平】、【垂直】、【两者兼有】的方式来对其排列。首先使用【直接选择工具】选择多个锚点，再执行【对象】→【路径】→【平均】命令，在弹出的【平均】对话框中选择所需的锚点对齐方式。如果选择【水平】方式，则所选择的锚点会取水平的平均位置对齐排列；选择【垂直】方式时，所选择的锚点将按照垂直的平均位置排列；选择【两者兼有】方式，所选择的锚点会集中在一点，而该点就是水平与垂直的平均位置，具体效果如图4-11所示。

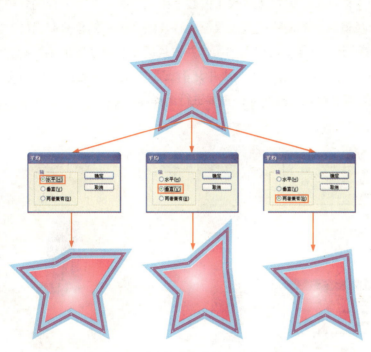

图4-11　【平均】命令的各个选项效果

3) 轮廓化描边

路径中的【轮廓化描边】命令，简单的解释就是将描边轮廓化、图形化。将描边转换为可以填充颜色的复合路径的对象图形，并且原先描边的颜色就自动变为填充对象的颜色。使用【直接选择工具】选择描边的路径后，接着执行【对象】→【路径】→【轮廓化描边】命令，这样原先的描边就转换为复合路径的对象图形。这时我们就可以为该对象图形自由地填充颜色或是设置纹理等，效果如图4-12所示。

图4-12　【轮廓化描边】命令的效果

4) 偏移路径

【偏移路径】命令可以将对象的边线按照设置的距离偏移并复制出一个偏移后的对象。具体的操作方法是首先选择需要偏移的路径，然后执行【对象】→【路径】→【偏移路径】命令，弹出【位移路径】对话框，设置【位移】的数值为正值时，可使路径向外扩展延伸；若设置【位移】的数值为负值时，可使路径向内收缩偏移，然后选择偏移复制出的对象图形并填充一个颜色，如图4-13所示。重复执行以上的操作并更换新复制对象图形不同的颜色，可以得到图4-14所示的效果。此外，在【连接】列表中还有三种方式可以选择，分别是：【斜接】、【圆角】、【斜角】，读者可以根据具体的需要进行选择即可。

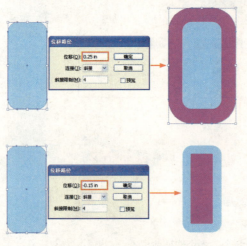 

图4-13　【偏移路径】的设置方法　　　图4-14　【偏移路径】命令制作的效果

5) 路径的简化命令

【简化】命令可以使锚点减少而改变对象形状。首先选择要简化的对象图形，然后执行【对象】→【路径】→【简化】命令，在弹出【简化】对话框中，由于对象图形简化的效果很难控制，所以可以先勾选【预览】选项，查看变形的效果。在【简化】对话框中，有两个重要的调整设置，分别是：【曲线精度】以及【角度阈值】。

（1）【曲线精度】：这个选项主要是控制曲线简化的程度，其数值范围在0～100之间，数值越低简化的程度就越高；数值越高简化的程度就越低，效果如图4-15所示。

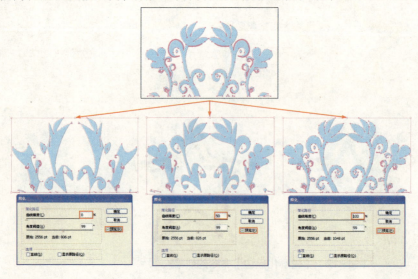

图4-15　【曲线精度】数值设置效果

(2)【角度阈值】：这个选项的数值范围在0°～180°，用以控制对象简化后的形状，当转角锚点的角度低于角度阈值时，转角锚点将不会改变，这样可以使对象的外形不至于产生太大的变化，如图4-16所示。

此外，在【选项】选区中还有【直线】、【显示原路径】两个选项，读者要根据自己的需要进行勾选。

(3)【直线】：勾选这个选项可以将对象所有的曲线路径线段都转换为直线路径线段，如图4-17所示。

图4-16 【角度阈值】的设置

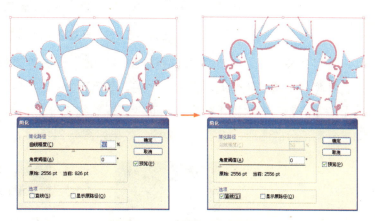

图4-17 【直线】选项效果

(4)【显示原路径】：勾选这个选项后，可以将简化后的路径效果与原始的路径效果进行比较，效果如图4-18所示。

6) 添加锚点

当需要为对象添加锚点时除了可以使用工具箱中的【添加锚点工具】以外，还可以使用【路径】菜单中的【添加锚点】命令。首先选择对象图形，执行【对象】→【路径】→【添加锚点】命令，就会自动在每两个锚点之间增加一个锚点，如图4-19所示。

图4-18 【显示原路径】选项效果

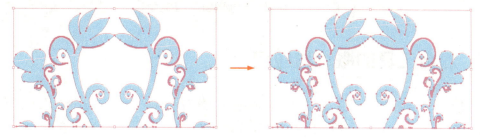

图4-19 【添加锚点】命令的效果

7) 分割下方对象

在想要进行分割的对象上，绘制一条用来进行分割的开放路径，并且确定该路径是处于被选择的状态，而被分割的对象未被选择。下面执行【对象】→【路径】→【分割下方对象】命令，这样就可以将对象分割成为所希望的效果，如图4-20所示。

图4-20 使用开放路径分割对象

还可以使用闭合对象图形进行分割对象的操作。首先还是绘制出一个理想的闭合对象图形，并将其放置到被分割对象的上一层，确定选择闭合的对象图形。下面执行【对象】→【路径】→【分割下方对象】命令，这时就可以看到被分割对象的分割效果。可以使用选择工具移动被分割部分的图形，或者将其删除，效果如图4-21所示。

图4-21 使用闭合对象图形分割对象

4.2 混合工具的概念与应用

混合对象可以创建形状，并在两个对象之间平均分布形状，也可以在两个开放、闭合，甚至是群组的对象或者路径之间进行混合，在对象之间创建平滑的过渡；或组合颜色和对象的混合，在特定对象形状中创建颜色过渡。

4.2.1 混合选项的概念及应用

在Illustrator中，混合是由混合路径所关联的多个混合对象所构成的。执行【对象】→【混合】→【混合选项】命令，弹出【混合选项】对话框，如图4-22所示。

1) 间距的选项设置

【间距】是用来确定要添加到混合的步骤数，在其下拉列表中还有3个选项。

(1)【平滑颜色】：让 Illustrator 自动计算混合的步骤数。如果对象是使用不同的颜色进行的填色或描边，则计算出的步骤数将是为实现平滑颜色过渡而取的最佳步骤数。如果对象包含相同的颜色，或包含渐变或图案，则步骤数将根据两对象定界框边缘之间的最长距离计算得出。具体操作为首先选择两个不同颜色的对象图形，

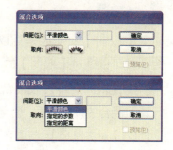

图4-22 【混合选项】对话框

执行【对象】→【混合】→【混合选项】命令，在弹出的【混合选项】对话框中，设置【间距】为【平滑颜色】，接着执行【对象】→【混合】→【建立】命令，完成设置，效果如图 4-23 所示。

(2)【指定的步骤】：用来控制在混合开始与混合结束之间的步骤数。具体操作为首先选择两个不同颜色的对象图形，执行【对象】→【混合】→【混合选项】命令，在弹出的【混合选项】对话框中，设置【间距】为【指定的步数】，接着执行【对象】→【混合】→【建立】命令，完成设置，效果如图 4-24 所示。

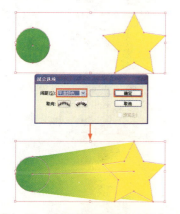

图4-23 【平滑颜色】的设置应用

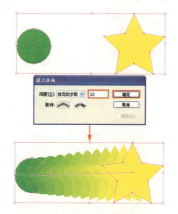

图4-24 【指定的步骤】的设置应用

(3)【指定的距离】：用来控制混合步骤之间的距离。指定的距离是指从一个对象边缘起到下一个对象相对应边缘之间的距离，例如，从一个对象的最右边到下一个对象的最右边。具体操作方法为执行【对象】→【混合】→【混合选项】命令，在弹出的【混合选项】对话框中，设置【间距】为【指定的距离】，并设置具体的数值。接着选择两个对象，在工具箱中选择【混合工具】，将鼠标指针移动到其中一个对象图形的锚点，当鼠标指针变为时点击一下鼠标，用同样的方法点击另外一个对象图形的锚点，完成操作，效果如图4-25所示。

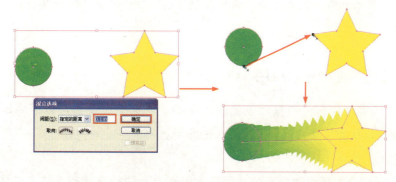

图4-25 【指定的距离】的设置应用

2) 取向的概念

【取向】的功能是可以确定混合对象的方向。如果我们不想让混合对象的路径是直线的话，就可以通过【取向】的不同设置来决定混合路径的属性。

(1)【对齐页面】：使混合路径的效果垂直于页面的 X 轴。按下 【对齐页面】按钮以后，再进行其他混合的设置以后，使用 【转换锚点工具】，对混合路径进行编辑以后的效果如图 4-26 所示。

(2)【对齐路径】：使混合路径的效果垂直于路径。按下 【对齐路径】按钮以后，再进行其他混合的设置以后，使用 【转换锚点工具】，对混合路径进行编辑以后的效果如图 4-27 所示。

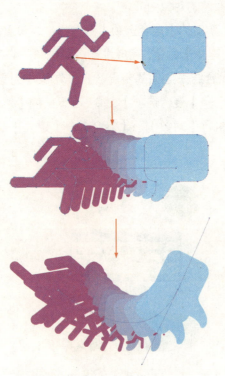
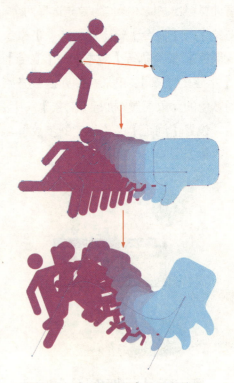

图4-26 【对齐页面】的设置效果　　　　图4-27 【对齐路径】的设置效果

完成的混合对象实际上是有一条看不见的混合路径，这条路径会决定当对象混合产生时，对象的排列位置。默认的混合路径是一条直线，读者可以使用 【转换锚点工具】、 【直接选择工具】等工具重新编辑调整混合路径，而混合对象也会随着混合路径的变化而变化。

4.2.2 混合的其他命令及应用

Illustrator 的混合还有一些其他的命令以及功能，这些命令都可以很好地配合【混合选项】命令结合使用，从而使混合工具发挥更大的作用。

1) 释放混合

当混合操作完成之后还可以将它恢复到先前没有混合的独立状态。首先选择混合操作完成后的对象，然后执行【对象】→【混合】→【释放】命令，混合对象便会恢复到之前的独立状态，而原先的混合路径就变为一般无填充的对象了，效果如图4-28所示。

2) 扩展混合

还可以将混合对象转换为一般的填充对象图形。首先选择混合后的对象，执行【对象】→【混合】→【扩展】命令，就可以将整组的混合对象还原为一般的对象，并且不再具有混合的各项属性，这时，还可以单击鼠标右键，选择【取消编组】命令，将还原后的一般对象分解为多个一般对象图形，此时还可以单独的选择编辑每个单独的对象，并更换颜色等，如图4-29所示。

图4-28　释放混合对象

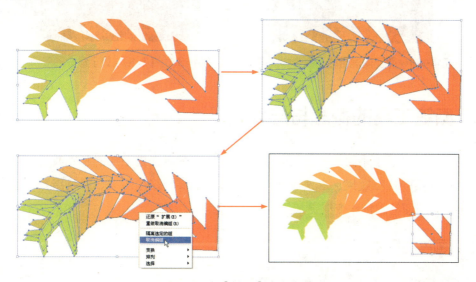

图4-29　【扩展】命令应用

3) 替换混合轴

还可以将混合对象加入到另外的一条已经存在的路径中。首先选择混合对象以及一条新的路径，然后再执行【对象】→【混合】→【替换混合轴】命令，即可将新的路径代替原先旧的混合路径，效果如图4-30所示。

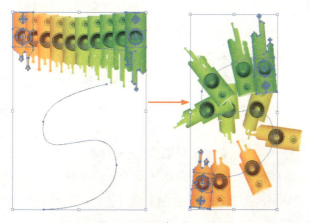

图4-30　【替换混合轴】命令的应用

4) 反向混合轴与反相堆叠

执行【对象】→【混合】→【反向混合轴】命令，可以将原先的混合对象的位置在混合路径中对调，效果如图4-31所示。执行【对象】→【混合】→【反相堆叠】命令，可以将混合对象的堆叠顺序进行翻转，效果如图4-32所示。

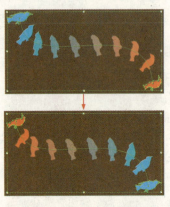
图4-31 【反向混合轴】命令的应用

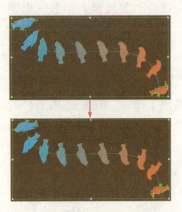
图4-32 【反相堆叠】命令的应用

4.3 画笔工具的概念与应用

画笔可以实现接近于手绘的矢量绘画效果，并且保留着矢量图形的基本属性。可以使用画笔来进行徒手手绘的自然效果、书法线条，以及路径图稿和路径图案，并且结合丰富的画笔库和画笔的可编辑性使绘图创作变得更加的自由、丰富。

4.3.1 画笔的概述

在Illustrator中，画笔可使路径的外观具有不同的风格。用户可以将画笔描边应用于现有的路径，也可以使用【画笔工具】，在绘制路径的同时应用画笔描边。Illustrator 中有4种画笔：【书法画笔】、【散点画笔】、【艺术画笔】和【图案画笔】。使用这些画笔可以达到很多的丰富效果，如图4-33所示。

图4-33 4种类型的画笔效果

（1）【书法画笔】：创建的描边类似于使用带拐角的尖头书法钢笔绘制的描边和沿路的中心绘制的描边。在使用【斑点画笔】工具时，可以使用书法画笔进行上色并自动扩展画笔描边成填充形状，该填充形状与其他具有相同颜色的填充对象（交叉在一起或其堆栈顺序是相邻的）进行合并。

（2）【散点画笔】：将一个对象（如一只瓢虫或一片树叶）的许多副本沿着路径分布。

（3）【艺术画笔】沿路径长度均匀拉伸画笔形状（如粗炭笔）或对象形状。

（4）【图案画笔】绘制一种图案，该图案由沿路径重复的各个拼贴图组成。图案画笔最多可以包括 5 种拼贴，即图案的边线、内角、外角、起点和终点。

4.3.2 画笔工具概念

单击工具箱中的 【画笔工具】，然后在界面上方选项栏的【画笔】列表中选择一个理想的画笔类型，回到画板中当鼠标指针变为 形状时，按住鼠标进行拖拽绘制就可以绘制出一条画笔路径效果，如图4-34所示。

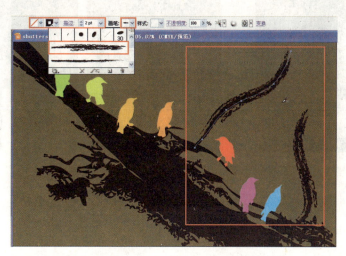

图4-34 画笔的使用效果

双击工具箱中的 【画笔工具】，弹出【画笔工具首选项】对话框，如图4-35所示。在【画笔工具首选项】对话框中，最重要的就是设置画笔工具的【保真度】和【平滑度】。勾选【填充新画笔描边】选项，画笔的路径将被填充颜色，未勾选时，路径无颜色填充，如图4-36所示。

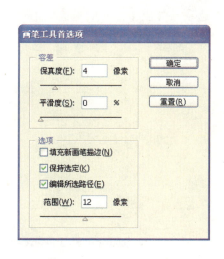

图4-35 【画笔工具首选项】对话框　　图4-36 【填充新画笔描边】选项效果

勾选【保持选定】选项，画笔的路径制作后仍然处于被选中的状态。勾选【编辑所选路径】选项，可以决定是否使用【画笔工具】改变目前的路径效果，这时绘制出的画笔是和之前的画笔路径互为一体，不勾选【编辑所选路径】选项时，则开始重新绘制新的画笔路径，如图4-37所示。

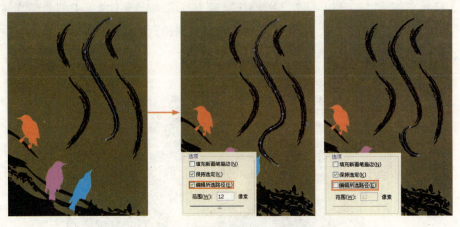

图4-37 【编辑所选路径】选项的效果

【范围】决定鼠标与现有路径必须达到多近距离，才能使用【画笔工具】编辑路径。此选项仅在勾选了【编辑所选路径】选项时，才可使用。

4.3.3 画笔面板

执行【窗口】→【画笔】命令，弹出【画笔】面板，单击【画笔】面板右上角的黑色三角按钮，弹出下拉菜单，如图4-38所示。在下拉菜单中选择【画笔】面板中4种画笔的显示和隐藏的方式，还可以在【打开画笔库】下拉菜单中调用更多的画笔。

1) 新建书法画笔

(1) 单击【画笔】面板中的 【新建画笔】按钮，或者选择下拉菜单中的【新建画笔】命令，弹出【新建画笔】对话框，选择【新建书法画笔】选项，弹出【书法画笔选项】对话框如图4-39所示。下面我们来认识一下【书法画笔选项】的选项概念。

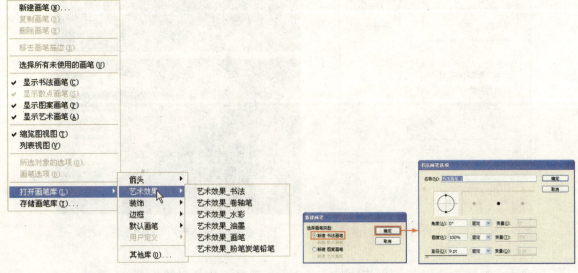

图4-38 【画笔】面板　　　　　图4-39 【新建书法画笔】对话框

如果想要新建散点画笔和艺术画笔就要在新建画笔之前选中一个对象图形。如果没有选中则不能新建画笔。

(a)【角度】：决定画笔旋转的角度，可以通过拖拽预览区的箭头，或在【角度】栏中输入精确的数值。

(b)【圆度】：用来设置画笔的圆度。将预览区中的黑点朝向中心或背向中心拖拽。或者在【圆度】栏中输入数值，值越大其圆度效果就越明显。

(c)【直径】：用以设置画笔的直径。拖动【直径】滑块，或在【直径】栏中输入精确的数值。

在每个选项的右侧的下拉列表中可以选择【固定】和【随机】选项，用来控制画笔形状的变化。【固定】选项可以设置具有固定角度、圆度或者直径的画笔；【随机】选项可以设置角度、圆度或者直径具有随机变化的画笔效果。在【变量】栏中输入数值可以设置画笔形态的变化范围。

(2) 进行图4-40所示的【书法画笔选项】的参数设置，可以看到新建的书法画笔自动的储存到了【画笔】面板内，使用新建的画笔绘制的效果如图4-41所示。

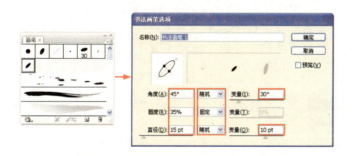

图4-40 【书法画笔选项】的参数设置　　　　图4-41 书法画笔效果

2) 新建散点画笔

(1) 首先选择一个理想的对象图形，然后单击【画笔】面板中的 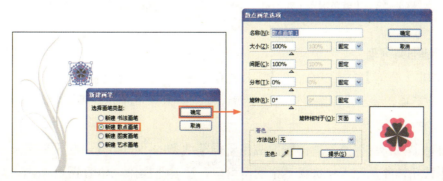【新建画笔】按钮，或者选择下拉菜单中的【新建画笔】命令，弹出【新建画笔】对话框，选择【新建散点画笔】选项，弹出【散点画笔选项】对话框，如图4-42所示。下面我们先来认识一下【散点画笔选项】的选项概念。

图4-42 新建散点画笔

(a)【大小】：控制对象的大小。

(b)【间距】：用来控制对象间的间距。

(c)【分布】：控制路径两侧对象与路径之间的接近程度。数值越大，对象之间的距离就会越远。

(d)【旋转】：控制对象旋转的角度。

(e)【旋转相对于】：用来设置散点对象相对页面或者路径的旋转角度，选择相对于页面旋转或相对于路径旋转。相对于页面旋转，0°指向页面顶部；相对于路径旋转，0°时则指向路径的切线方向。

在每个选项的右侧的下拉列表中可以选择【固定】和【随机】选项，用来控制画笔形状的变化。【固定】选项可以设置具有固定大小、间距、分布和旋转的画笔；【随机】选项可以设置大小、间距、分布和旋转，具有随机变化的画笔效果。在【变量】栏中输入数值可以设置画笔形态的变化范围。

在【着色】选区中主要分为：【方法】、【主色】、【提示】。其中【方法】包括：【无】、【淡色】、【淡色和暗色】、【色相转换】。单击提示按钮，弹出【着色提示】对话框，如图4-43所示。

【主色】：默认情况下定义图形中最突出的颜色，也可以进行改变。用吸管工具从图形中吸取不同的颜色，可以看到颜色显示框中的颜色也随之变化。

（2）依照图4-42所示的设置好的散点画笔选项，单击【确定】，可以看到选择的【花朵】笔刷储存到【画笔】面板中。选择建立的散点画笔，使用【画笔工具】在画板中自由的绘制，效果如图4-44所示。

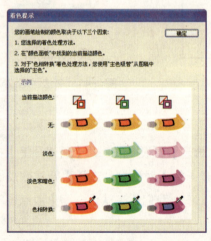

图4-43 【着色提示】对话框

图4-44 散点画笔效果

3）新建图案画笔

（1）单击【画笔】面板中的 【新建画笔】按钮，弹出【新建画笔】对话框，选择【新建图案画笔】选项，弹出【图案画笔选项】对话框，如图4-45所示。下面我们来认识一下【图案画笔选项】的选项概念。

【拼贴】按钮可以将不同的图案应用于画笔线条的不同部分，对于要定义的拼贴，单击【拼贴】按钮，并从列表中选择某个图案类型，重复此操作，如图4-46所示。从左至右分别为：边线拼贴、外角拼贴、内角拼贴、起点拼贴、终点拼贴。

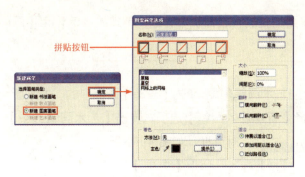
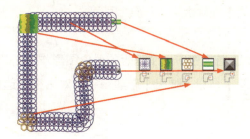

图4-45　新建图案画笔　　　　　图4-46　设置拼贴后的画笔路径效果

（2）在设置图案画笔之前必须要将使用的图案或者是成组的对象图形选中，单击并拖拽到【色板】面板中，这样才可以在【图案画笔选项】对话框中选择需要的拼贴图案，如图4-47所示。

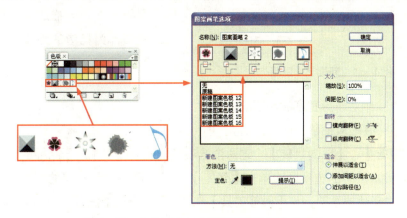

图4-47　【色板】与【图案画笔选项】的关系

（a）【缩放】：相对于原始大小调整拼贴的大小。

（b）【间距】：调整拼贴之间的间距。

（c）【横向翻转】、【纵向翻转】：勾选这2个选项可以改变图案相对于线条的方向。

（d）【伸展以适合】：勾选这个选项可以延长或缩短图案，以适合对象。该选项会生成不均匀的拼贴，如图4-48所示。

（e）【添加间距以适合】：该选项会在每个图案拼贴之间添加空白，将图案按照比例应用于画笔路径，如图4-49所示。

（f）【近似路径】：该选项会在不改变拼贴的情况下使拼贴适合于最近似的路径。该选项所应用的图案会向路径内侧或外侧移动，以保持均匀地拼贴，而不是将中心落在路径上，如图4-50所示。

图4-48　【伸展以适合】效果　　　图4-49　【添加间距以适合】效果　　　图4-50　【近似路径】效果

(3) 设置完成后,单击【确定】按钮,图案画笔就储存在面板中,选中新建的画笔,用【画笔工具】在画板中进行绘制即可。

4) 新建艺术画笔

(1) 首先选中一个理想的对象图形作为新建的艺术画笔笔刷,单击【画笔】面板中的 【新建画笔】按钮,弹出【新建画笔】对话框,选择【新建艺术画笔】选项,弹出【艺术画笔选项】对话框,如图 4-51 所示。

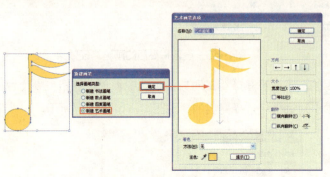

(a)【方向】:决定图稿相对于线条的方向。单击一个箭头以设定方向,4个方向按钮从左至右依次表示:指定图稿的左边为描边的终点;指定图稿的右边为描边的终点;指定图稿的顶部为描边的终点和指定的图稿底部为描边的终点。

图4-51　新建艺术画笔

(b)【宽度】:相对于原宽度调整图稿的宽度。

(c)【等比】:在缩放图稿时保留比例。

(d)【横向翻转】、【纵向翻转】:这两个选项可以改变图稿相对于路径的方向。

(2) 设置好艺术画笔的选项后,单击【确定】按钮,可以看到新建的艺术画笔储存在【画笔】面板中,选中新建的画笔,用【画笔工具】在画板中进行绘制即可,如图4-52所示。

5) 删除画笔

如果要删除画笔的话,可以单击【画笔】面板右侧的黑色三角按钮,在弹出的下拉菜单中,选择【选择所有未使用的画笔】命令。单击【画笔】面板右下角的 【删除画笔】按钮,在弹出的【Adobe Illustrator】对话框中单击【是】按钮,就可以删除画笔了,如图 4-53 所示。

图4-52　艺术画笔的效果

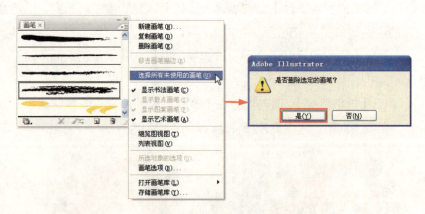

图4-53　删除画笔的操作

> **提示**:按住【Shift】键,可以在【画笔】面板中连续选择多个画笔,或者按下【Ctrl】键,逐一点选面板中的画笔,此外,也可以将画笔选中,单击【画笔】面板下方的 【删除画笔】按钮,将选中的画笔删除。

4.4 符号的概念

符号是在Illustrator文档中可重复使用的图稿对象。无论是绘制的对象图形、文本等，都可以储存为一个符号，并且随时可以重复使用。符号的定义和使用都非常简单，通过符号面板就可以实现对符号属性的控制。

4.4.1 符号面板

执行【窗口】→【符号】命令，弹出【符号】面板，可以单击【符号】面板右侧的黑色三角按钮，在弹出的下拉菜单中，可以选择不同的视图显示效果，如图4-54所示。

图4-54　不同的视图显示效果

还可以单击【符号】面板右侧的黑色三角按钮，在弹出的下拉菜单中选择【打开符号库】命令，可以看到在Illustrator中预设了很多的符号样本，如图4-55所示。

1）置入符号

单击【符号】面板或者选择符号库中的符号，接着单击【符号】面板下方的 【置入符号实例】按钮，就可以将符号置入到画板中，如图4-56所示。

图4-55　【打开符号库】

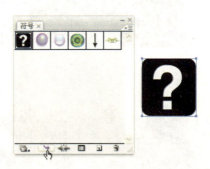

图4-56　将符号置入到画板

此外，还可以单击【符号】面板右侧的黑色三角按钮，在弹出的下拉菜单中选择【置入符号实例】命令，还可以直接单击并拖拽符号至面板当中。

2) 替换符号

选择要替换的符号，在【符号】面板或符号库中选择一个新的符号，接着单击【符号】面板右侧的黑色三角按钮，在弹出的下拉菜单中选择【替换符号】命令，这时，先前的符号就被替换掉了，如图4-57所示。

3) 修改符号

选择要修改的符号，单击【符号】面板下方的 【断开符号链接】按钮，这时，就可以使符号转换成为可编辑的矢量图形，如图4-58所示。

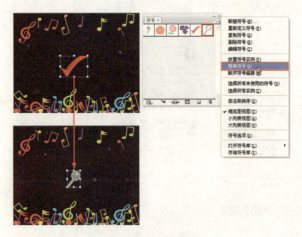
图4-57 替换符号

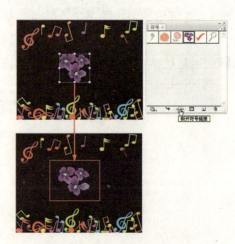
图4-58 修改符号

还可以重新定义符号，选择修改后的符号，单击【符号】面板右侧的黑色三角按钮，在弹出的下拉菜单中选择【重新定义】命令，就可以看到被选择的符号重新定义成新的符号，如图4-59所示。

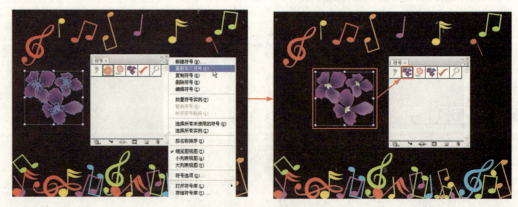
图4-59 重新定义符号

按住【Alt】键，将修改的符号拖拽到【符号】面板中旧符号的顶部，也可以将该符号在【符号】面板中重新定义并在当前文件中更新。

4) 符号的新建

选择要创建的图形，单击【符号】面板下方的 【新建符号】按钮，建立一个新符号，弹出的【符号选项】对话框中，可以设置符号的名称。下面就可以看到符号面板中出现了新符号，如图4-60所示。也可以将图形选中后，用鼠标直接拖拽到面板中，新建符号。

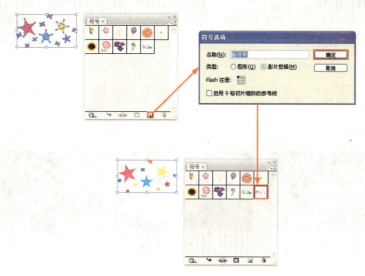

图4-60　新建符号

4.4.2 符号工具

在工具箱中单击 【符号喷枪工具】，可以看到该工具中还包括8种工具，如图4-61所示。

1) 符号喷枪工具

【符号喷枪工具】可以在画板中喷射出大量的、随意的符号效果。用鼠标双击工具箱中的 【符号喷枪工具】，弹出【符号工具选项】的对话框，如图4-62所示。这里我们可以看到【符号工具选项】的对话框中，【直径】、【强度】、【符号组密度】3个最重要的选项。

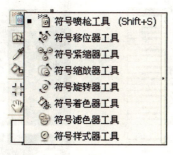　　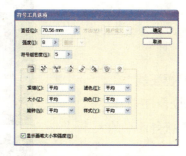

图4-61　【符号喷枪工具】　　图4-62　【符号工具选项】

(1)【直径】：用于设置喷射工具的直径大小。

(2)【强度】：调整喷射工具的喷射量，数值越大在单位时间内的喷射符号数量就越大。

(3)【符号组密度】：是指页面上的符号堆积密度，数值越大符号的堆积密度也就越大。

在【符号】面板中选择一个理想的符号，如图4-63所示。工具箱中单击 【符号喷枪工具】，将鼠标移动至画板中或者是一幅背景图形中。单击并拖拽鼠标，松开鼠标后可以看到画面中喷射出了许多的符号效果，如图4-64所示。

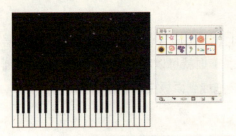

图4-63 选择符号　　　　　图4-64 【符号喷枪工具】的喷射效果

2）符号位移器工具

【符号位移器工具】用来在画板中移动应用的符号图形。选择喷枪中的符号，在工具箱中选择【符号位移器工具】，在画板中的符号上拖拽鼠标，移动调整符号的位置，如图4-65所示。

图4-65 【符号位移器工具】的效果

3）符号紧缩器工具

【符号紧缩器工具】可以将符号向光标所在的位置（收缩工具画笔的中心点）收缩聚集。确定符号是被选择的状态，在工具箱中选择【符号紧缩器工具】。在画板中按住鼠标左键不放，可以看到符号向着鼠标单击处收紧聚集，如图4-66所示。

4）符号缩放器工具

【符号缩放器工具】可以在画板中调整符号图形的大小。单击工具箱中的【符号缩放器工具】，在需要放大的符号上面按住鼠标左键不放，可以将符号的效果放大，如果按下鼠标的时间越长，符号的效果就越会被放大，如图4-67所示。如果按住【Alt】键单击鼠标左键，可以使符号缩小。

图4-66 【符号紧缩器工具】效果　　图4-67 【符号缩放器工具】效果

5) 符号旋转器工具

使用【符号旋转器工具】可以旋转符号图形，改变符号的方向。首先选择需要改变旋转方向的符号，在工具箱中选择 【符号旋转器工具】，在符号中单击并拖拽鼠标，可以看到符号中出现了箭头形的方向线随着鼠标的移动而变化，拖拽鼠标至适合的地方松开鼠标，也可以通过多次的拖拽来改变符号的方向，如图4-68所示。

图4-68　【符号旋转器工具】效果

6) 符号着色器工具

使用【符号着色器工具】可以改变符号的颜色效果。首先在【色板】面板中选择一个理想的颜色，然后选择需要改变颜色的符号，在工具箱中选择 【符号着色器工具】，在符号中单击并拖拽鼠标，就可以看到设置的颜色添加到符号中去了，如图4-69所示。

图4-69　【符号着色器工具】效果

7) 符号滤色器工具

使用【符号滤色器工具】可以改变符号的透明度。首先选择需要改变旋转方向的符号，在工具箱中选择 【符号滤色器工具】，在需要改变透明度的符号中单击鼠标左键，可以看到符号变为透明，持续按住鼠标，符号的透明度会越大，如图4-70所示。

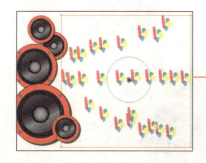  

图4-70　【符号滤色器工具】效果

8) 符号样式器工具

使用【符号样式器工具】可以对符号添加图形样式的效果。首先执行【窗口】→【图形样式】命令，打开【图形样式】面板，单击面板右侧的黑色三角按钮，在弹出的下拉菜单中选择【打开图形样式库】→【涂抹效果】命令，接着弹出【涂抹效果】面板，在【涂抹效果】面板中选择【涂抹5】，如图4-71所示。

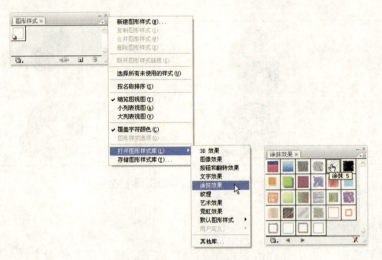

图4-71　选择涂抹样式

接着使用鼠标单击【涂抹5】样式，或者单击【涂抹效果】面板右侧的黑色三角按钮，在弹出的下拉菜单中选择【添加到图形样式】命令，此外，也可以将【涂抹5】样式用鼠标直接拖拽到【图形样式】面板中，如图4-72所示。

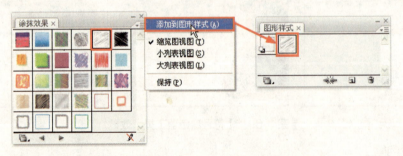

图4-72　添加【涂抹效果】至【图形样式】面板

接着将画板中的符号图形以及【图形样式】面板中的【涂抹5】样式选择，在工具箱中选择【符号样式器工具】，在需要添加样式的符号中单击拖拽鼠标，就可以看到添加的涂抹样式效果了，如图4-73所示。

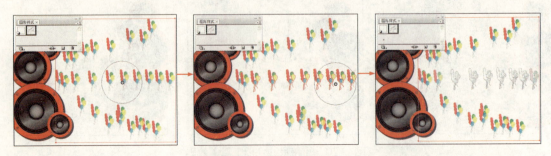

图4-73　【符号样式器工具】效果

4.5 实例演练
4.5.1 使用混合工具绘制音乐海报

本实例为我们来制作一幅简洁的音乐会海报，效果如图4-74所示。可以看到本实例的画面一共分为三个层次：第一个层次为带有渐变效果的背景；第二个层次为使用混合工具所绘制的曲线效果，用来表现音乐五线谱的旋律效果；第三个层次为前景的主体音乐符号图形。本实例作品的画面层次分明、颜色明快，用抽象的混合曲线来表现音乐的节奏与韵律的美感。

图4-74　本实例最终效果

（1）启动Illustrator。选择【文件】→【新建】命令，建立一个【宽度】为257，【高度】为200，【单位】为【毫米】的新文档。接着在工具箱中选择■【矩形工具】，建立一个与文档尺寸一样的白色矩形、无描边，效果如图4-75所示。

（2）下面为矩形设置渐变效果。选择【窗口】→【渐变】命令，调出【渐变】的控制面板。使用鼠标点击一下【渐变】控制面板中的第一个渐变滑块，然后双击工具箱中的■【填色】按钮，在弹出的【拾色器】对话框中设置颜色为R：132、G：211、B：30；接着点击一下【渐变】控制面板中的第二个渐变滑块，在【拾色器】对话框中设置颜色为R：26、G：137、B：3。接着选择工具箱中的■【渐变工具】，按下【Shift】键，拖拽鼠标垂直的从矩形的顶端到底端拖拉出渐变效果，如图4-76所示。

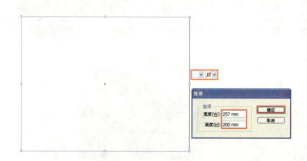

图4-75　新建一个与文档尺寸一样的矩形

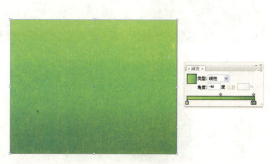

图4-76　为矩形设置渐变效果

(3) 选择工具箱中的 【钢笔工具】，绘制出两条曲线。接着再选择 【转换锚点工具】和 【直接选择工具】分别调整两条曲线的形态，具体设置如图4-77所示。

图4-77　绘制两条曲线

(4) 进行混合的设置。使用 【选择工具】，按住【Shift】键，将两条曲线全部选择。执行【对象】→【混合】→【混合选项】命令，在弹出的【混合选项】对话框中，设置【间距】为【指定的步数】，接着执行【对象】→【混合】→【建立】命令，完成设置。为了使混合曲线看起来更加的有层次和虚实感，选择混合曲线，执行【窗口】→【透明度】命令，调出【透明度】面板。在【透明度】面板中设置【不透明度】的数值为"80%"。效果如图4-78所示。

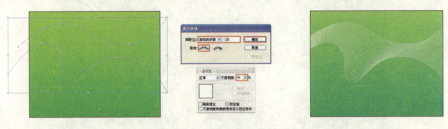

图4-78　混合曲线的效果

> 这里需要了解的重点是混合对象图形的效果是可以被充分编辑的，可以使用 【转换锚点工具】与 【直接选择工具】进行编辑调整。例如，使用 【直接选择工具】选择混合曲线中的锚点并单击鼠标进行拖拽移动操作，从而改变了混合曲线的效果，如图4-79所示。也可以使用 【直接选择工具】点击混合曲线锚点的方向杆，并拖拽鼠标，从而改变混合曲线的效果，如图4-80所示。同理，也可以使用 【转换锚点工具】点击混合曲线锚点的方向杆，并拖拽鼠标，从而改变混合曲线的效果，如图4-81所示。

图4-79　【直接选择工具】移动混合曲线锚点　　　图4-80　【直接选择工具】调整曲线锚点方向杆

图4-81 【转换锚点工具】调整曲线锚点方向杆

(5) 使用上面步骤中相同的方法，进行其他混合曲线的绘制，注意调整混合曲线之间的相互位置以及【不透明度】数值的设置，如图4-82～图4-84所示。混合曲线的最终效果如图4-85所示。

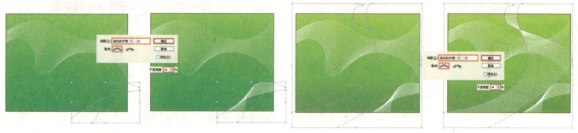

图4-82 混合曲线的设置1　　　　　　　　图4-83 混合曲线的设置2

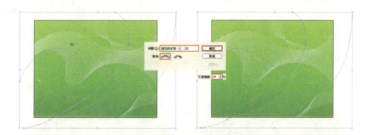

图4-84 混合曲线的设置3

图4-85 混合曲线的最终效果

(6) 下面进行主体音乐符号的置入操作。首先打开本书配套光盘\素材\第4章\音乐符号.ai文件。这些符号都是使用基本绘图工具以及【钢笔工具】绘制而成。使用鼠标选择这些对象图形，直接拖拽到画板中并调整这些音乐符号图形的大小、方向、位置以及颜色，直至效果如图4-86所示。

(7) 下面进行辅助装饰符号的置入操作。首先打开本书配套光盘\素材\第4章\装饰符号.ai文件。使用鼠标选择这个装饰对象图形，直接拖拽到画板中并调整装饰符号图形的大小、方向、位置以及透明度，直至效果如图4-87所示。

图4-86　加入音乐符号的效果　　　　　　　图4-87　加入装饰符号的效果

在置入音乐符号以及装饰符号的过程中，需要读者仔细地考虑画面的整体效果，从整体到局部进行调整。时刻要注意图形之间的疏密、大小、方向、虚实之间的构成关系。如何摆放和组织图形元素是非常重要的一项设计能力，希望读者们多加注重设计基础方面的学习。

(8) 进行海报广告语的绘制。在工具箱中选择 T【文字工具】，在画板中单击鼠标，输入文字【Music party】，并设置文字的大小和颜色。最后，认真地调整画面的关系，本实例的最终效果如图4-88所示。

图4-88　本实例最终效果

4.5.2　定义画笔与符号工具绘制时尚招贴

本实例为我们来制作一幅城市主题的时尚招贴。本作品主要分为前景的城市图形和时尚的背景部分。我们重点为读者讲解背景的时尚感图形效果的制作，这也是目前国际上比较流行的时尚视觉风格。在背景的制作中主要运用了基本绘图工具，特别是新建画笔与制作符号及符号工具。图4-89所示为本实例的最终效果。

图4-89 本实例最终效果

(1) 启动Illustrator。选择【文件】→【新建】命令，建立一个新的文档，在【新建文档】对话框中，设置宽度为"15"，高度为"8"，单位为"英寸"，如图4-90所示。

(2) 在工具箱中选择□【矩形工具】，将鼠标移动至画板的位置中点击一下鼠标，在弹出的【矩形设置】对话框中进行参数的设置，绘制出一个矩形。然后双击工具箱中的■【填色】按钮,在弹出的【拾色器】对话框中设置颜色为 R:251、G:176、B:59，为该矩形设置一个颜色，如图4-91所示。

(3) 变化矩形图形。在工具箱中选择▶【选择工具】，选择矩形，按下【Alt】键的同时配合【Shift】键复制出5个矩形，并且要调整之间的间距，接着用【选择工具】拉长或缩扁矩形的效果如图4-92所示。

(4) 执行【窗口】→【信息】命令，弹出【信息】菜单，选择所有的6个矩形，这时在【信息】面板右上角就会出现当前6个矩形的整体宽高比例数据，我们依照这个数据建立一个完全一样的白色无描边矩形，效果如图4-93所示。

图4-90 建立新文档

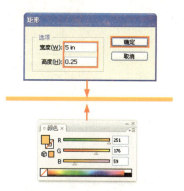

图4-91 创建矩形并设置颜色

图4-92 复制和调整矩形　　　图4-93 利用【信息】菜单精确建立矩形

(5) 选择6个矩形和新建立的白色无描边矩形，执行【窗口】→【对齐】命令，在【对齐】面板中单击　【水平居中对齐】按钮，将它们居中对齐。然后选择白色无描边矩形，单击鼠标右键，选择【排列】→【置于底层】命令，效果如图4-94所示。

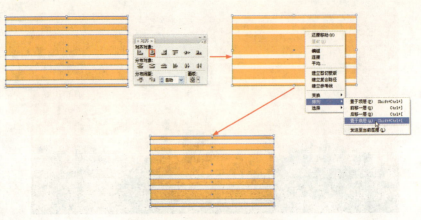

图4-94 对齐并调整图形排列

(6) 按下【Ctrl+A】键，全部选择当前所有的对齐后的矩形图形，或者使用【选择工具】框选将其全部选择。接着执行【窗口】→【画笔】命令，单击【画笔】面板中的【新建画笔】按钮，弹出【新建画笔】对话框，选择【新建艺术画笔】选项，弹出【艺术画笔选项】对话框，进行如图4-95所示的设置。

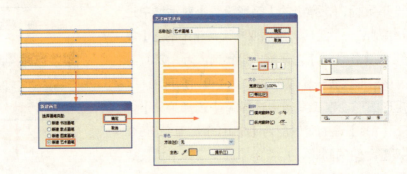

图4-95 新建艺术画笔

(7) 创建一个新的背景。选择【矩形工具】，将鼠标移动至画板的位置中点击一下鼠标，在弹出的【矩形设置】对话框中进行参数的设置，绘制出一个与文档尺寸一样的矩形。然后为该矩形设置颜色为R：247、G：147、B：30，如图4-96所示。

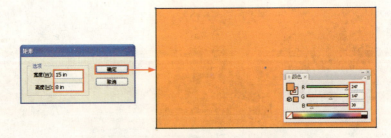

图4-96 建立文档大小的矩形并设置颜色

(8) 为背景设置渐变效果。执行【窗口】→【外观】命令，在【外观】面板中单击【填色】条目，并将其拖拽到【外观】面板底部的【复制所选项目】按钮，复制一个【填色】条目。鼠标单击选择新复制的【填色】条目。接着执行【窗口】→【色板】命令，在【色板】面板中单击选择【径向渐变1】，如图4-97所示。

(9) 下面在【外观】面板中单击最初的那个【填色】条目,执行【窗口】→【透明度】命令,在【透明度】面板中设置混合模式为【强光】,这时就使【外观】面板中的2个【填色】条目产生相互的混合效果,从而产生了径向的渐变效果,如图4-98所示。

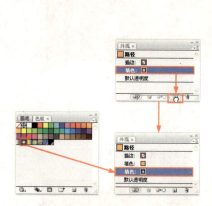

图4-97 复制新【填色】并设置渐变

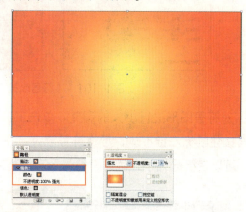

图4-98 设置【强光】模式产生的渐变效果

(10) 在工具箱中选择【椭圆工具】,将鼠标移动至画板的位置中点击一下鼠标,在弹出的【椭圆】对话框中设置参数,绘制出一个正圆形并选择。执行【窗口】→【画笔】命令,在弹出的【画笔】面板中,单击之前建立的艺术画笔,这时正圆形变为了艺术画笔形式的同心圆图形,如图4-99所示。

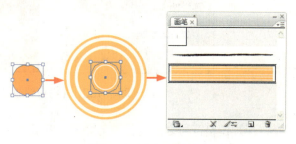

图4-99 应用画笔效果

(11) 执行【窗口】→【符号】命令,弹出【符号】面板。使用【选择工具】选择应用画笔后的同心圆图形,并按住鼠标将其拖拽到【符号】面板中,在弹出的【符号选项】中将【类型】设置为【图形】,新建一个符号在面板中,如图4-100所示。

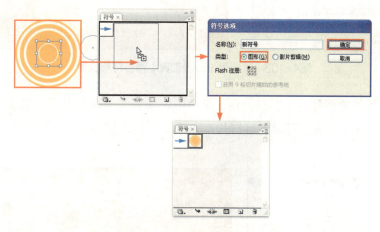

图4-100 建立新符号

(12) 选择新建立的符号,在工具箱中双击【符号喷枪工具】,在弹出的【符号工具选项】对话框中,设置直径为"2"(英寸);强度数值为"3";符号组密度为"8"。按住鼠标不放,在画板的背景中喷射出如图4-101所示的符号效果。

115

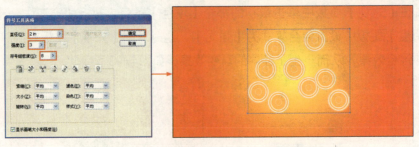

图4-101 【符号喷枪工具】喷射的符号效果

(13) 对符号图形进行小大的调整。单击工具箱中的 【符号缩放器工具】，在需要放大的符号上面按住鼠标左键不放，可将符号放大；在需要缩小的符号上面如果按住【Alt】键单击鼠标左键，可以使符号缩小，最终将符号形态调整为如图4-102所示的效果。

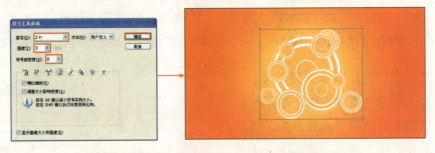

图4-102 【符号缩放器工具】缩放符号的效果

(14) 调整符号之间的位置与距离。在工具箱中选择 【符号位移器工具】，在画板中的符号上拖拽鼠标，移动和调整符号的位置，如图4-103所示。

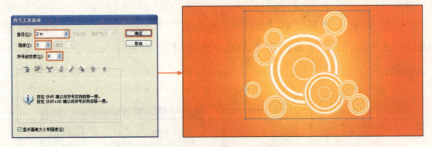

图4-103 【符号位移器工具】调整符号位置

(15) 调整符号的透明度及层次感。在工具箱中选择 【符号滤色器工具】，在需要改变透明度的符号中单击鼠标左键，可以看到符号变为透明，持续按住鼠标，符号的透明度会越大，如图4-104所示。

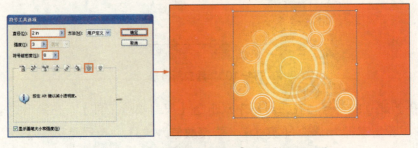

图4-104 【符号滤色器工具】调整符号透明度

（16）绘制背景的装饰曲线。在工具箱中双击 【直线段工具】，弹出【直线段工具选项】对话框，设置一条描边颜色为白色的直线，设置如图4-105所示。执行【效果】→【扭曲和变换】→【变换】命令，将【移动】选区中的垂直数值设置为"-0.15"，并设置复制的数值为"12"份，效果如图4-106所示。

图4-105　绘制直线段

图4-106　变换复制绘制直线段

（17）保持变换复制后的直线段为选择状态。执行【对象】→【封套扭曲】→【用网格建立】命令，弹出【封套网格】对话框，设置【行数】、【列数】均为【1】。接着使用 【直接选择工具】，单击【封套网格】左上角的锚点，并拖拽其方向杆进行网格曲线的调节；用同样的方法调整右上角的方向杆进行网格曲线的调节，效果如图4-107所示。

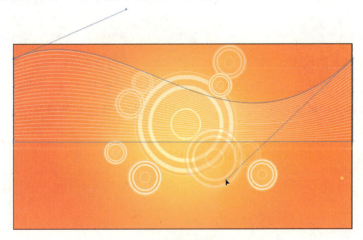
图4-107　进行封套网格的调整

（18）使用同样的方法，利用 【直接选择工具】对【封套网格】左下角、右下角的锚点位置以及网格曲线进行调节，效果如图4-108所示。

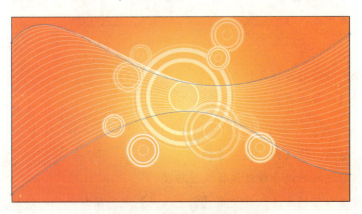
图4-108　封套网格的最终效果

(19) 调入素材完成最终效果。打开本书配套光盘\素材\第4章\城市图像.ai文件。直接拖拽素材到画板中，并最后调整画面图形的大小、方向、位置以及排列顺序，本实例最终的效果如图4-109所示。

图4-109 本实例最终效果

4.6 本章小结

通过本章的学习可以使读者们了解与掌握Illustrator中路径的基本概念以及路径的编辑方法。这些知识配合基本的绘图工具结合使用，可以绘制较为复杂的图形对象。此外，了解以及掌握混合工具的用法、画笔工具和符号工具的概念与用法对于整体增强Illustrator的绘制能力有着很大的提高，并且它们的用途十分的广泛。在应用时要注意理解和灵活的运用。

思考与练习

1) 填空题

(1) 画笔面板中包含4种类型的画笔，分别是_____、_____、_____、_____。
(2) 符号喷枪工具中还包括_____、_____、_____、_____、_____、_____7种工具。

2) 问答题

(1) 什么是路径？路径的特性是什么？
(2) 工具箱中的【符号工具】包括哪些？

3) 操作题

(1) 练习置入、替换、修改和创建符号的操作。
(2) 练习两个图形之间的混合以及编辑混合路径。
(3) 练习新建各类画笔的方法，并使用【画笔工具】进行简单的作品绘制。

第5章

渐变、图层与透明度和外观

本章中将为读者介绍渐变、图层、外观、透明度等相关的知识与应用。这些知识都是Illustrator中的基本知识。然而在实际的Illustrator实例制作中却起到了非常重要的作用。有相当多的Illustrator图形绘制都要大量涉及渐变的应用。此外，图层、外观、透明度等相关知识的技巧和应用可以极大地为我们带来绘制过程中的方便和效果的增强。本章介绍的知识往往在Illustrator中的实例制作中结合在一起使用，极少情况单独使用。将这些知识综合地灵活应用才是本章的重点所在。

本章学习重点与要点：

(1) 渐变面板及渐变工具的概念和应用；
(2) 渐变网格与网格工具；
(3) 图层的概念；
(4) 透明度以及蒙板；
(5) 外观的概念和应用。

5.1 渐变与渐变网格

渐变颜色是由不同百分比的基本色所衍生变化出来的颜色，读者可以使用任何能够在色板中显示出来的颜色来产生设置渐变的颜色效果。渐变同时也是Illustrator中最重要的颜色填充工具之一。它能够快速、便捷地增加作品颜色的丰富性。

5.1.1 渐变面板

渐变填色可以在一个或者多个对象之间建立颜色平滑的过渡效果，要使用简便填色时必须要结合渐变控制面板使用。执行【窗口】→【渐变】命令，或者双击工具箱中的■【渐变工具】按钮，调出【渐变】面板，如图5-1所示。可以看到在【渐变】面板中默认的是黑白渐变色。下面我们来认识一下【渐变】面板的概念。

图5-1 【渐变】控制面板

（1）【类型】：这里包括两种渐变的类型，它们是【线性渐变】和【径向渐变】，如图5-2所示。

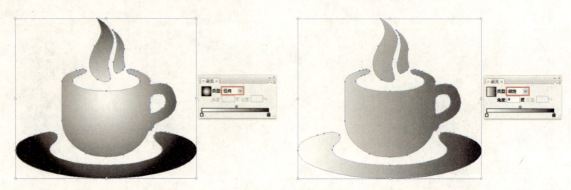

图5-2 渐变的类型

（2）【角度】：是指【线性渐变】的渐变方向，可以配合■【渐变工具】以不同的方向角度拉出渐变的效果，如图5-3所示。

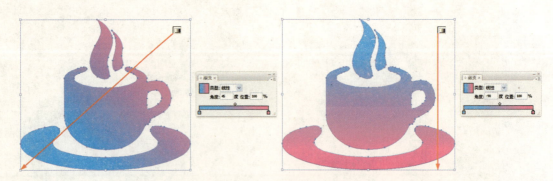

图5-3 渐变的角度效果

（3）【位置】：是指具体的渐变滑块的位置参数，通过调节【位置】的参数或者直接拖拽渐变滑块的位置就可以改变编辑的效果，如图5-4所示。

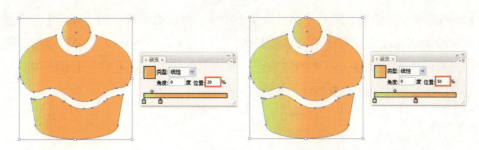

图5-4 渐变位置的不同效果

在Illustrator中，默认情况下【渐变】面板中仅显示最常用的选项。要显示所有的选项，单击【渐变】面板右侧的黑色三角按钮，在弹出的下拉菜单中选择【显示选项】命令。

1）创建渐变效果和设置渐变颜色

（1）开启【渐变】面板和【色板】面板。在【渐变】面板中单击【渐变】面板下方颜色条中的左侧的滑块，也就是渐变颜色的起始点。这时可以看到滑块变为，表示被选择的状态。然后在【色板】面板中按住【Alt】键，在【色板】面板中单击所需要的颜色，如图5-5所示。也可以在【色板】面板中单击需要的颜色并拖拽到渐变滑块的图标当中，如图5-6所示。

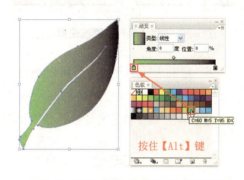

图5-5 通过色板进行渐变颜色的设置1

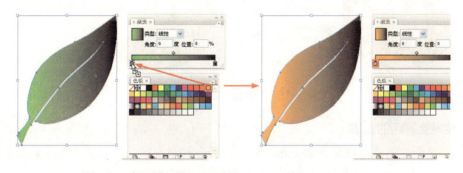

图5-6 通过色板进行渐变颜色的设置2

（2）用同样的方法设置渐变颜色的第二个滑块，从而完成一个简单的渐变颜色的设置，效果如图5-7所示。

（3）还可以通过【颜色】面板进行渐变颜色的设置。确定起始渐变滑块为被选择状态，开启【颜色】面板。单击【颜色】面板右侧的黑色三角按钮，在弹出的下拉菜单中选择【CMYK】，这时在【颜色】面板中就会出现CMYK的数值设置栏。在CMYK的数值设置栏中输入理想的数值就可以设置渐变的起始颜色了，用同样的方法设置渐变的结束颜色，效果如图5-8所示。

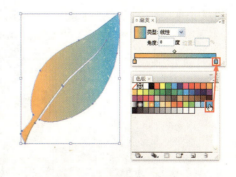

图5-7 完成渐变颜色的设置

(4)【径向渐变】的设置思路与【线性渐变】相似。首先选择渐变的【类型】为【径向】。径向渐变左侧的滑块可以定义渐变中心点的颜色，就是指从这个中心点向外过渡到四周的渐变滑块。径向渐变的右侧的滑块为渐变的结束点，使用【色板】以及【颜色】面板中的设置渐变颜色的方法可以绘制出径向的渐变颜色，效果如图5-9所示。

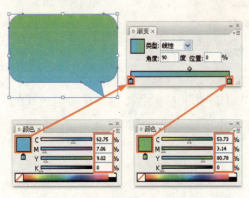

图5-8 通过【颜色】面板设置颜色

图5-9 径向渐变的颜色设置

(5) 绘制【径向渐变】还可以拖拽渐变滑块的位置来调整渐变颜色的效果。此外，渐变颜色条上方的◇菱形滑块代表两种颜色混合【50%】的位置，默认情况下在两个颜色滑块的中间位置。可以通过拖拽菱形滑块的位置来调节渐变颜色的效果，如图5-10所示。

图5-10 菱形滑块改变渐变效果

2) 多种渐变颜色的设置

(1) 为了使渐变的颜色效果更加丰富，可以进行多种渐变颜色的设置。在【渐变】面板中的渐变颜色条下方的任意位置单击一下鼠标，就可以看到新增加了一个渐变滑块。同时在其上方也自动增加了一个◇菱形滑块。单击选中新增加的滑块，同样可以通过【色板】和【颜色】面板进行渐变颜色的设置，如图5-11所示。

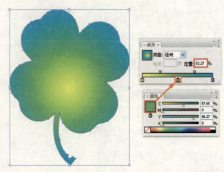

图5-11 添加新的渐变颜色

(2) 要删除渐变颜色条中的某一个颜色，可以用鼠标单击一下需要删除的颜色滑块，然后向下拖拽鼠标直到面板以外，这时就可以看到这个颜色被删除了，如图5-12所示。

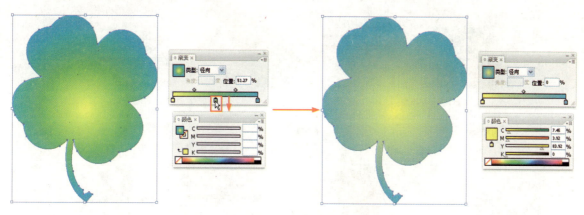

图5-12　删除渐变颜色

5.1.2 渐变工具

选择工具箱中的▣【渐变工具】，再配合【渐变】面板结合使用，可以在一个或者多个对象图形中填充渐变颜色和更加灵活的控制渐变的方向。

选择一个需要填充渐变颜色的对象图形，然后开启【渐变】面板和【色板】面板。首选结合【色板】面板来设置渐变滑块的颜色，如图5-13所示。

接着选择工具箱中的▣【渐变工具】，在渐变图形中使用鼠标沿着某一个方向进行拖拽，绘制出渐变的颜色效果，如图5-14所示。

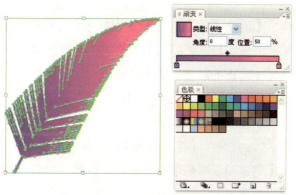

图5-13　设置渐变颜色

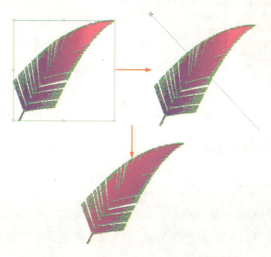

图5-14　使用【渐变工具】绘制效果

想要以精确的角度使用【渐变工具】绘制渐变效果，可以按住【Shift】键，绘制出【45°】角和水平以及垂直角度的渐变效果，如图5-15所示。

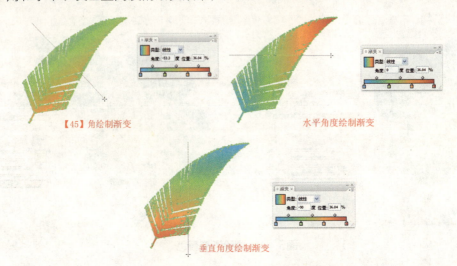

图5-15 按住【Shift】键绘制渐变

5.1.3 渐变网格与网格工具

【网格工具】与【渐变网格】命令的共同使用可以绘制出十分细腻、真实的网格渐变效果。渐变的颜色可以根据网格线的分布方向进行十分细腻的渐变过渡。并且还可以在对象上创建更加精细的网格，还可以通过对网格中的每一个锚点进行控制，从而进一步达到更加真实、细腻的渐变颜色效果。

1）渐变网格的概念

(1) 使用【选择工具】，选择对象图形，然后执行【对象】→【创建渐变网格】命令，弹出【创建渐变网格】对话框，在行数栏中输入数值"4"，在列数栏中输入数值"4"，在外观下拉列表中选择"至中心"，如图5-16所示。

图5-16 【创建渐变网格】的设置

(a)【行数】：是指创建渐变网格线的行数数量。

(b)【列数】：是指创建渐变网格线的列数数量。

(c)【外观】：是指图形创建渐变网格后的渐变高光效果方式，包括【平淡色】、【至中心】、【至边缘】选项。

【平淡色】：是指对象图形表面的颜色均匀，将对象的颜色均匀的覆盖在对象表面，不产生高光颜色效果。

【至中心】：在对象图形的中心创建高光。

【至边缘】：是指对象图形的高光效果出现在边缘。同时，高光的效果也会出现在边缘。

(d)【高光】：是指白色高光处的颜色强度。100%代表将最大的白色高光应用在对象图形；0%代表不将任何白色高光应用于图形对象。

(2) 单击【确定】按钮，可以看到对象图形变换成为网格形状的效果，可以看到当前的对象图形为黑色，这是因为目前的颜色模式为【灰度】，接着执行【窗口】→【颜色】，在【颜色】面板中单击黑色的小三角，弹出的下拉菜单中选择【RGB】颜色模式，并在【颜色】面板中设置一个颜色，效果如图5-17所示。

2) 使用网格工具进行编辑

在工具箱中选择【网格工具】，单击图形中的任意一个位置就可以添加网格线，如图5-18所示。选择【网格工具】，按住【Alt】键并单击图形中的网格锚点，即可删除网格锚点，如图5-19所示。

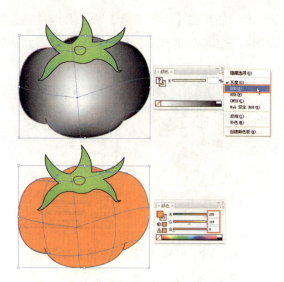

图5-17 改变颜色模式

使用【网格工具】或者选择【直接选择工具】，在网格锚点中单击鼠标并拖拽就可以移动调整网格锚点，如图5-20所示。选择【网格工具】，按住【Shift】键在网格锚点上单击并拖拽鼠标，可以将网格锚点限制在网格线的范围内移动，如图5-21所示。

我们还可以看到使用【网格工具】或者【直接选择工具】选择网格锚点时，绘出方向线。这时，可以像编辑路径锚点那样，通过调节网格锚点的方向杆来编辑网格的效果。按住【Shift】键，使用【网格工具】拖拽调节网格锚点的方向杆，就可以使该网格锚点的行与列中的方向线都发生改变，如图5-22所示。

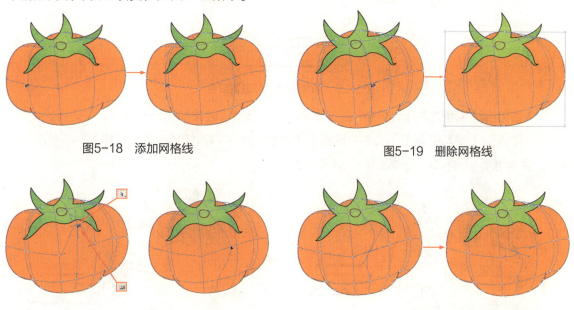

图5-18 添加网格线　　　　　　　　　图5-19 删除网格线

图5-20 移动调整网格锚点　　图5-21 网格线中移动调整网格锚点　　图5-22 编辑网格锚点的方向杆

3) 填充渐变网格的颜色

(1) 首选在不选择对象图形的状况下，先为图形设置一个基本的填充颜色。执行【对象】→【创建渐变网格】命令，在弹出的【创建渐变网格】对话框中进行设置，效果如图5-23所示。

(2) 使用 【网格工具】单击鼠标并拖拽并移动中心的网格锚点,然后在【颜色】面板中为该网格锚点设置西红柿图形的高光颜色,如图5-24所示。

图5-23　进行【创建渐变网格】的设置　　　　图5-24　移动网格锚点并设置高光颜色

(3) 使用 【网格工具】在中间的水平网格线的左右两侧单击鼠标,添加两条网格线,并为这两个网格锚点设置颜色,具体如图5-25所示。

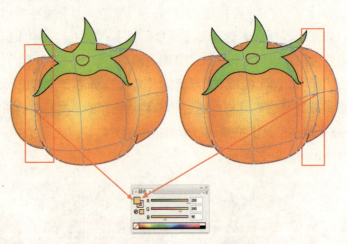

图5-25　添加网格线并设置颜色

(4) 使用 【网格工具】,为6个锚点设置相同的颜色,效果如图5-26所示。

(5) 使用 【网格工具】再次在中间的水平网格线的左右两侧单击鼠标,添加两条竖向的网格线,并为这两个网格锚点设置颜色,具体如图5-27所示。

图5-26　设置网格锚点的颜色　　　　图5-27　添加网格线并设置颜色

(6) 使用 【网格工具】在中间的竖向网格线的上方单击鼠标添加一条横向的网格线,用 【网格工具】单击该网格线的中心锚点并设置颜色,最终的西红柿效果如图5-28所示。

图5-28 渐变网格的最终效果

5.2 图层、透明度与外观

图层、透明度以及外观面板是Illustrator中的重要的基本面板，在实际的操作中经常结合在一起使用，它们对改变和设置对象图形的属性、显示效果、管理、外形以及合成效果都起着非常重要的作用。

5.2.1 图层面板及概念

【图层】面板能够帮助我们很方便地处理复杂的图形，特别是在某些需要选择图形或者路径锚点以及细节的时候，更不能没有【图层】面板的帮助。默认情况下，每个新建的文档都包含一个图层，而每个创建的对象都在该图层之下列出。不过，读者可以创建新的图层，并根据需求，以最适合的方式对对象图形进行重排。

执行【窗口】→【图层】命令，如图5-29所示。默认情况下，Illustrator将为【图层】面板中的每个图层指定唯一的颜色。此颜色将显示在面板中图层名称的旁边。所选对象的定界框、路径、锚点及中心点也会在插图窗口显示与此相同的颜色。读者可以使用此颜色在【图层】面板中快速定位对象的相应图层，并根据需要更改图层颜色。

当【图层】面板中的对象图形包含其他对象图形时，对象图形名称的左侧会出现一个三角形。单击此三角形可显示或隐藏内容。如果没有出现三角形，则表明对

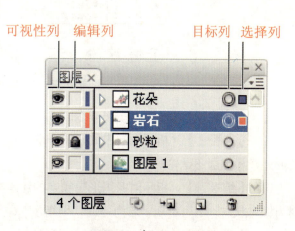

图5-29 【图层】面板

图5-30 描摹位图图像时的图层状态

象图形中不包含任何其他对象图形，如图5-30所示。

1) 新建图层

在【图层】面板中，单击要在其上添加新图层的图层的名称。然后，执行下列操作。要在选定的图层之上添加新图层，请单击【图层】面板中的【创建新图层】按钮，效果如图5-31所示。

图5-31 新建图层

要在选定的图层内创建新子图层，单击【图层】面板中的【创建新子图层】按钮，如图5-32所示。

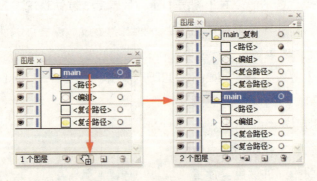

图5-32 【创建新子图层】

【图层】面板将在列表的左右两侧提供若干列。在列中单击，可控制下列特性。

(1)【可视性】：指示图层中的对象图形是可见的还是隐藏的（空白），并指示这些对象图形是模板图层还是轮廓图层。

(2)【编辑列】：指示对象图形是锁定的还是非锁定的。若显示锁状图标，则指示对象图形为锁定状态，不可编辑；若为空白，则指示对象图形为非锁定状态，可以进行编辑。

(3)【目标列】：指示是否已选定对象图形以应用"外观"面板中的效果和编辑属性。当目标按钮显示为双环图标◎时，表示对象图形已被选定；◯单环图标表示对象图形未被选定。

(4)【选择列】：指示是否已选定对象图形。当选定对象图形时，会显示一个颜色框。如果一个对象图形（如图层或组）包含一些已选定的对象以及其他一些未选定的对象，则会在对象图形旁显示一个较小的选择颜色框。如果对象图形中的所有对象均已被选中，则选择颜色框的大小将与选定对象旁的标记大小相同。

利用【图层】面板，可以以轮廓形式显示某些对象图形，而以最终图稿中的样式显示其余对象图形。还可以使链接的图像和位图对象变暗，以便轻松地在图像上方编辑图稿。这一功能在描摹位图图像时尤为有用，如图5-30所示。

2) 隐藏或显示对象或图层

在【图层】面板中，单击要隐藏的项目旁边的●眼睛图标。再次单击，重新显示项目，如图5-33所示。如果隐藏了图层或组，则图层或组中的所有项目都会被隐藏，如图5-34所示。

将鼠标拖过多个眼睛图标，可一次隐藏多个项目，如图5-35所示。

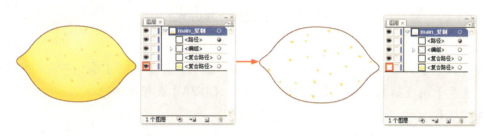

图5-33 图层的隐藏和显示

图5-34 隐藏和显示图层或组

图5-35 隐藏和显示多个图层项目

3) 改变图层的堆叠顺序

想要改变图层之间的堆叠顺序，在【图层】面板中，单击选择一个图层或组按住鼠标将其拖动至另一个图层或组项目的上方，则该图层或组就会位于其上方，如图5-36所示。如果将一个图层或组拖拽至另一个图层或组项目中，就会进入到这个图层或组，如图5-37所示。

图5-36 改变图层的堆叠顺序1

图5-37 改变图层的堆叠顺序2

4) 复制图层项目

使用【图层】面板可快速复制对象、组和整个图层。在【图层】面板中选择要复制的项目。从【图层】面板菜单中选择【复制】，或者在【图层】面板中将该项目拖动到面板底部的【新建图层】按钮上即可，如图5-38所示。

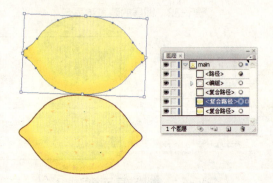

图5-38 复制图层项目

5) 删除图层项目

在【图层】面板中选择要删除的项目，然后单击【删除所选图层】按钮，如图5-39所示。也可以将【图层】面板中要删除的项目的名称拖动到面板中的【删除所选图层】按钮上，或从【图层】面板菜单中选择【删除】命令。

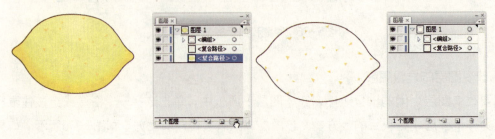

图5-39 删除所选图层

删除图层的同时，会删除图层中的所有图稿。例如，如果删除了一个包含子图层、组、路径和剪切组的图层，那么，所有这些图素都会随图层一起被删除。

5.2.2 透明度面板

【透明度】面板可以设置对象的不透明度的效果以及混合模式，创建不透明蒙版，或者使用透明对象的上层部分来挖空某个对象的一部分。执行【窗口】→【透明度】命令，调出【透明度】面板，如图5-40所示。

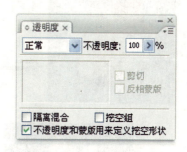

图5-40 【透明度】面板

1）更改对象图形的不透明度

在【不透明度】面板中，可以改变单个对象图形的不透明度，也可以改变一个组或图层中所有对象的不透明度，也可以改变一个对象的填色或描边的不透明度。首先选择一个对象图形或在【图层】面板中选择其中的一个图层，并在【透明度】面板中的【不透明度】栏中输入不透明度的数值，如图5-41、图5-42所示。

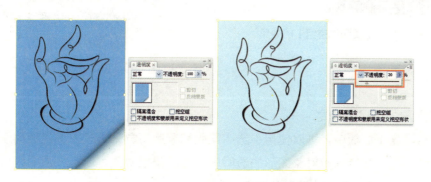

图5-41 选择对象图形的不透明度

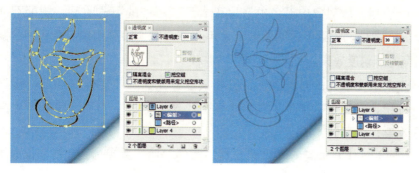

图5-42 改变图层中的图形的不透明度

如果要更改对象图形的填充或描边的不透明度，先选择该对象图形，然后在【外观】面板中选择填充或描边。在【透明度】面板或【控制】面板中设置【不透明度】的数值。

2) 创建透明度挖空组

在【图层】面板中，选择要变为挖空组的组或图层。或者使用【选择工具】选择需要挖空组的对象图形，在【透明度】面板中，勾选【挖空组】选项。如果未显示该选项的挖空效果，单击面板中的黑色小三角按钮，在弹出的菜单中选择【页面挖空组】，如图5-43所示，我们可以看到在透明挖空组中，对象图形之间不能透过彼此而显示。

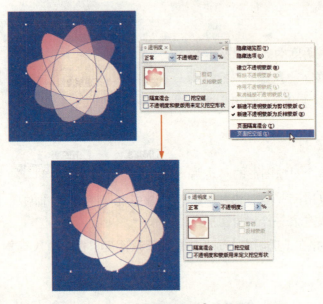

【挖空组】选项可以循环切换三种状态：□挖空组打开（选中标记）、□挖空组关闭（无标记）和□挖空组中性（带有贯穿直线的方块）。当想要编组图稿时，又不想与涉及的图层或组所决定的挖空行为产生冲突，可以选择中性选项。当想确保透明对象的图层或组彼此不会挖空时，使用关闭选项。

图5-43 【页面挖空组】的效果

3) 不透明蒙版创建透明度

在【不透明度】面板中，可以使用不透明蒙版和蒙版对象来更改图稿的透明度。可以使用不透明蒙版的形状来显示其他对象图形的透明度效果。蒙版对象可以定义透明区域和透明度，也可以将任何着色对象图形作为蒙版的对象。

Illustrator使用蒙版对象中颜色的灰度来表示蒙版中的不透明度。如果不透明蒙版为白色，则会完全显示图稿。如果不透明蒙版为黑色，则会完全隐藏图稿。蒙版中的灰色会使图稿中出现不同程度的透明度效果。

首先绘制一个渐变填充的对象图形，并将其放置到另一个对象图形上，接着单击面板中的黑色小三角按钮，在弹出的菜单中选择【建立不透明蒙版】选项，即可产生由不透明蒙版创建的透明度效果，如图5-44所示。

此外，还可以勾选【反向蒙版】选项，将当前的不透明蒙版创建的透明度效果做相反的处理，如图5-45所示。

创建不透明蒙版后，在默认情况下，被蒙版的图稿与蒙版对象之间将被链接起来，如图5-46所示。当移动被蒙版的图稿时，蒙版对象也会随之移动；而移动蒙版对象时，被蒙版的图稿却不会随之移动，如图5-47所示。在【透明度】面板中单击 图标按钮，将蒙版链接取消，以将蒙版锁定在合适的位置并单独移动被蒙版的图稿。

如果要想取消不透明蒙版的效果，单击面板中的黑色小三角按钮，在弹出的菜单中选择

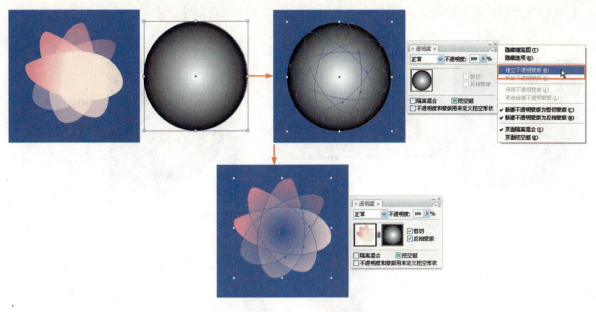

图5-44 建立不透明蒙版

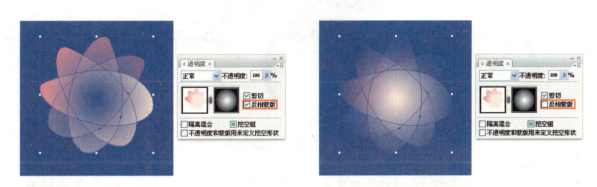

图5-45 【反向蒙版】的效果

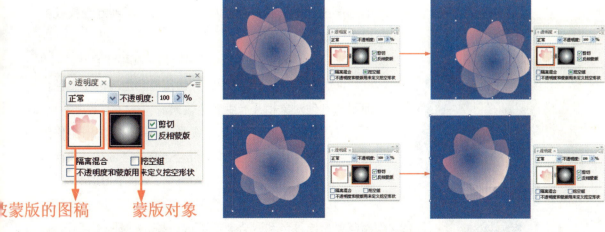

图5-46 被蒙版图稿与蒙版对象　　　图5-47 被蒙版图稿与蒙版对象连接关系

【释放不透明蒙版】选项,即可取消不透明蒙版的效果,恢复到【建立不透明蒙版】之前的状态,如图5-48所示。

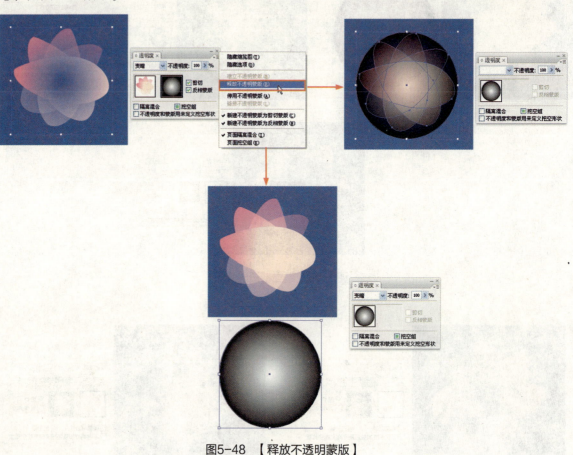

图5-48 【释放不透明蒙版】

4) 混合模式

【透明度】面板中的混合模式是【透明度】面板中的重要功能,是用不同的方法将对象图形的颜色与底层对象图形的颜色相互混合。当将一种混合模式应用于某一对象图形时,此对象的图层或组下方的任何对象图形上都可看到混合模式的效果,如图5-49所示。

在Illustrator中一共为用户提供了16种混合模式:

(1)【正常】:默认模式。使用混合色对选区上色,而不与其他对象相互产生颜色效果。

(2)【变暗】:选择基色或混合色中较暗的一个作为结果色。这种混合模式是将比混合色亮的区域被结果色所取代。比混合色暗的区域将保持不变,如图5-50所示。

(3)【正片叠底】:将基色与混合色相乘。得到的颜色总是比基色和混合色都要暗一些,如图5-51所示。

(4)【颜色加深】:加深基色效果以衬托混合色,但与白色混合后不产生变化,如图5-52所示。

(5)【变亮】:选择基色或混合色中较亮的一个颜

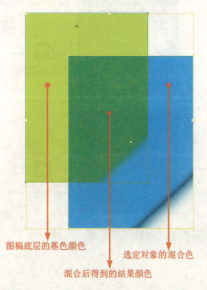

图5-49 混合模式的颜色名称

图5-50 【变暗】混合模式　　　　　图5-51 【正片叠底】混合模式

色作为结果色。比混合色暗的区域将被结果色所取代。比混合色亮的区域将保持不变，效果如图5-53所示。

图5-52 【颜色加深】混合模式　　　　　图5-53 【变亮】混合模式

（6）【滤色】：是将混合色的反相颜色与基色相乘。得到的颜色是比基色和混合色都要亮一些。用黑色滤色时颜色保持不变。用白色滤色将产生白色。此效果类似于多个幻灯片图像在彼此之上投影效果，如图5-54所示。

（7）【颜色减淡】：将基色的效果加亮，以衬托出混合色的效果。当与黑色混合则不发生变化，如图5-55所示。

图5-54 【滤色】混合模式　　　　　图5-55 【颜色减淡】混合模式

(8)【叠加】：最常用的混合模式，该混合模式是对颜色进行相乘或滤色，具体效果要取决于基色。图案或颜色叠加在现有的图稿上，在与混合色混合以反映原始颜色的亮度和暗度的同时，保留基色的高光和阴影，如图5-56所示。

(9)【柔光】：该模式可以使颜色变暗或变亮，具体取决于混合色的情况。此效果类似聚光灯照在图稿上，效果如图5-57所示。

图5-56 【叠加】混合模式　　　　图5-57 【柔光】混合模式

(10)【强光】：对颜色进行相乘或过滤，具体取决于混合色。此效果类似于耀眼的聚光灯照在图稿上，效果如图5-58所示。

(11)【差值】：该模式是从基色减去混合色或从混合色减去基色，具体取决于哪一种的亮度值较大，与白色混合将反转基色值，与黑色混合则不发生变化，如图5-59所示。

图5-58 【强光】混合模式　　　　图5-59 【差值】混合模式

(12)【排除】：该模式可以创建一种与【差值】模式相似，但对比度更低的效果。与白色混合将反转基色分量，与黑色混合则不发生变化，如图5-60所示。

(13)【色相】：用基色的亮度和饱和度以及混合色的色相创建结果色，如图5-61所示。

图5-60 【排除】混合模式　　　　图5-61 【色相】混合模式

(14)【饱和度】：用基色的亮度和色相以及混合色的饱和度创建结果色。在无饱和度（灰度）的区域上用此模式着色不会产生变化，如图5-62所示。

(15)【混色】：用基色的亮度以及混合色的色相和饱和度创建结果色。这样可以保留图稿中的灰阶，对于给单色图稿上色以及给彩色图稿染色都会非常有用，如图5-63所示。

(16)【明度】：用基色的色相和饱和度以及混合色的亮度创建结果色。此模式所创建的混合效果是与【颜色】模式相反的，如图5-64所示。

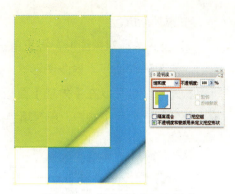

图5-62 【饱和度】混合模式

图5-63 【混色】混合模式

图5-64 【明度】混合模式

5.2.3 外观属性的概述

我们可以将【外观】形象比喻成为对象图形的属性总管，在Illustrator中，外观是指对象图形表面的效果，而非对象真实的形态。所以我们可以通过【外观】去改变对象的表面形态，而不去改变对象的实际形态。【外观】可以包含对象的【填充】属性、【描边】属性、【透明度】属性以及【效果】属性。如果把一个外观属性应用于某对象，而后又编辑或删除这个属性，该基本对象以及任何应用于该对象的其他属性都不会改变。

1）外观面板概述

执行【窗口】→【外观】命令，调出【外观】面板，如图5-65所示。在【外观】面板中可以看到对象、组或图层的外观属性。【填充】和【描边】的属性将按照堆栈顺序列出；面板中从上到下的顺序对应于图稿中从前到后的顺序。各种效果按其在图稿中的应用顺序从上到下排列。

在【外观】面板中，可以看到该对象设置了【描边】为【6pt】，【填色】为绿色的渐变效果，并且还在【透明度】面板中设置了【不透明度】为【80%】，混合模式为【色相】。这些【外观】面板中的属性堆栈顺序完全是按照图稿中的应用顺序，从上到下排列的。

图5-65 【外观】面板的属性堆栈效果

2)添加新填色

(1) 首先选择对象图形,接着单击黑色三角按钮,在弹出的下拉菜单中选择【添加新填色】命令,如图5-66所示。对象图形这时就在【外观】面板中出现了新建立的填色项目,如图5-67所示。此外,也可以在【外观】面板中单击选择填色项目,并将其拖拽至【外观】面板底部的【复制所选项目】按钮,新建填色。

图5-66 选择【添加新填色】命令 　　　图5-67 为对象【添加新填色】

在为图层、组或对象设置外观属性、应用样式或效果之前,可以先在【图层】面板中对项目进行定位。使用任意一种选择方法选择对象或组时,同时也会在【图层】面板中定位相应的对象或组,但图层的定位只能通过使用【图层】面板来完成,如图5-66所示。

(2) 在【外观】面板中单击选择新建立的填色项目,在【色板】面板中选择一个图案样本为新建的填色进行颜色的填充,效果如图5-68所示。

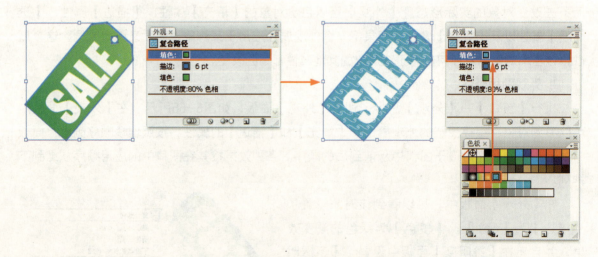

图5-68 在【色板】中为对象【添加新填色】

(3) 接着在【透明度】面板中设置混合模式为【叠加】模式,这时就可以看到新为对象建立的填色与原先的绿色渐变填色进行了效果的混合,并且【透明度】的具体属性出现在了【外观】

面板中的新建填色项目中，具体效果如图5-69所示。

3) 外观面板概述

首先选择对象图形，接着单击黑色三角按钮，在弹出的下拉菜单中选择【添加新描边】命令，如图5-70所示。这时就在【外观】面板中出现了新建立的描边项目，接着可以在【色板】面板中设置一个新的颜色并设置描边的宽度，如图5-71所示。此外，也可以在【外观】面板中单击选择描边项目，并将其拖拽至【外观】面板底部的 【复制所选项目】按钮，新建描边。

图5-69 应用混合模式后显示的填色效果

4) 清除外观与简化至基本外观

首先选择对象图形，在【外观】面板中单击选择一个项目，接着单击【外观】面板中的黑色三角按钮，在弹出的下拉菜单中选择【清除外观】命令，这时就可以将对象的所有属性效果清除掉，效果如图5-72所示。

此外，也可以选择对象图形，在【外观】面板中单击选择一个项目，然后按住鼠标不放将该项目直接拖拽到【外观】面板底部的 【清除外观】按钮中或者直接单击 【清除外观】按钮，就可以清除所有的对象属性，如图5-73所示。

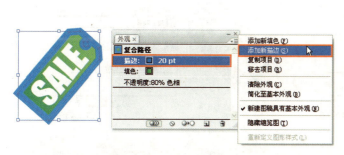

图5-70 【添加新描边】　　　　　图5-71 【添加新描边】后的外观效果

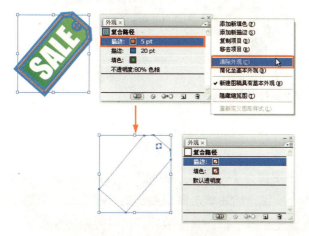

图5-72 【清除外观】命令的应用　　　　图5-73 清除外观的操作

首先选择对象图形，在【外观】面板中单击选择一个项目，接着单击【外观】面板中的黑色三角按钮，在弹出的下拉菜单中选择【简化至基本外观】命令，这时就可以看到在【外观】面板中，被选择的项目属性被保留下来，其他的对象属性效果就被清除掉了，效果如图5-74所示。

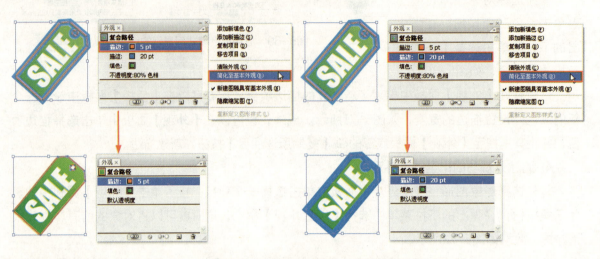

图5-74　【简化至基本外观】的效果

此外，也可以选择对象图形，在【外观】面板中单击选择一个项目，然后直接单击【简化至基本外观】按钮，如图5-75所示。

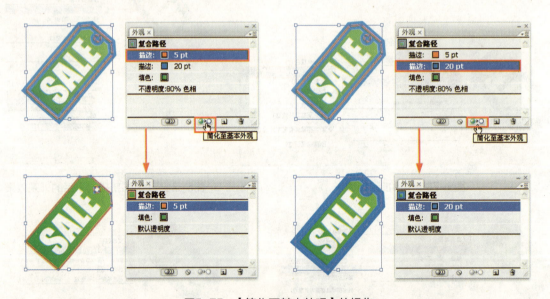

图5-75　【简化至基本外观】的操作

5) 删除所选的项目

首先选择对象图形或组或在【图层】面板中定位一个图层。要删除一个填色和描边或者是其他的外观效果，在【外观】面板中选择一个项目，然后单击面板底部的　【删除所选项目】按钮，即可将想要删除的【外观】属性效果删除掉了，而其他的外观属性效果还保留着，效果如图5-76所示。

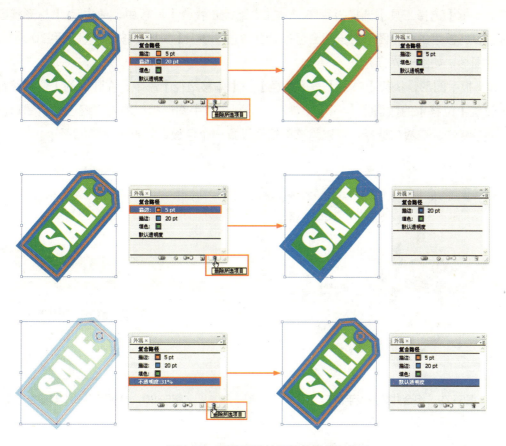

图5-76 删除所选的项目的操作和效果

5.3 实例演练

5.3.1 绘制电脑UI图标的渐变质感

在本实例中，我们来为大家继续讲解电脑界面中的UI图标的制作过程。在本书的第3章中，我们为读者讲解了电脑UI图标的绘制方法。在本章的实例部分中主要是使用路径中的常用命令，特别是配合使用【渐变面板】和【渐变工具】进行UI图标的立体渐变效果的绘制。在这一部分的过程中还用到了本章介绍过的【不透明蒙版】的知识。图5-77所示为本实例的最终效果。

（1）首先打开本书配套光盘\素材\第5章\电脑UI图标图形绘制.ai文件，如图5-78所示，来进行扳手图形的渐变立体效果创建。

图5-77 本实例最终效果

图5-78 打开素材文件

(2) 使用 【选择工具】选择扳手图形，在【路径查找器】面板中，单击 【与形状区域相加】按钮，将扳手的两个图形对象组合起来，并单击 【扩展】按钮，将扳手图形扩展为一个整体的图形，如图5-79所示。

(3) 选择扳手图形，执行【对象】→【路径】→【偏移路径】命令，在弹出的【位移路径】对话框中设置【位移】的数值为【-4】，就可以得到与扳手图形相似的向内缩进的新图形。为了方便后面的操作、查看与选择，可以为该新图形设置一个色板，效果如图5-80所示。

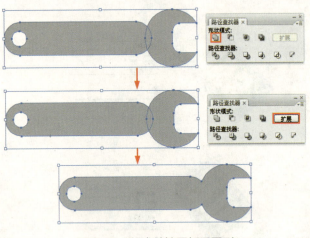

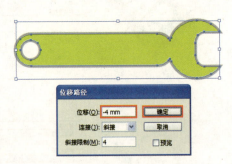

图5-79　组合并扩展扳手图形

图5-80　将扳手图形【偏移路径】

(4) 选择两个扳手图形，在工具箱中选择 【美工刀工具】，在扳手柄靠近扳手头部的位置处，使用鼠标拖拽出一条柔和的美工刀曲线，将扳手的图形进行切割，效果如图5-81所示。为了方便后面步骤中渐变效果的操作，先将扳手上层的【偏移路径】后的收缩图形在【图层】面板中隐藏掉，如图5-82所示。

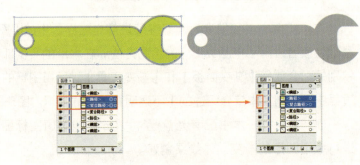

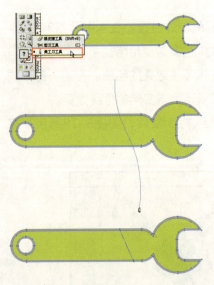

图5-82　隐藏扳手的收缩图形

图5-81　使用【美工刀工具】切割扳手图形

提示

使用 【美工刀工具】尽量要使切割线更加的柔和、圆滑，这样才会使切割的效果更加自然，尽量不要出现很明显的切割线的锯齿效果。如果一次效果不理想，可以反复地多做几次，达到理想的效果位置，想要切割出直线的效果，可以按住【Alt】键进行操作。

(5) 进行扳手的渐变设置。选择被【美工刀工具】切割后的两个分离的扳手图形。在【渐变】面板中单击一下鼠标，就可以看到默认情况下的渐变效果，如图5-83所示。

(6) 编辑渐变的效果。在【渐变】面板中，将黑色的渐变滑块移动到靠近中间的位置，打开【色板】面板，单击黑色的渐变滑块，然后按住【Alt】键在【色板】中选择一个深灰色，如图5-84所示。在【渐变】面板颜色条下方最右侧的空白处单击鼠标，添加一个新的渐变滑块。并按住【Alt】键在【色板】中选择一个浅灰色，然后在工具箱中选择【渐变工具】，分别对扳手的两部分图形，从下至上拖拽，绘制出渐变效果，如图5-85所示。

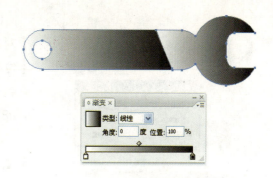

图5-83　默认的扳手渐变效果

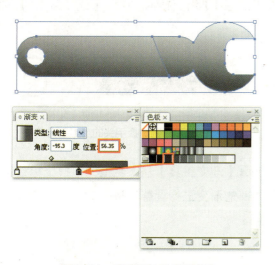

图5-84　移动滑块并设置颜色

图5-85　添加滑块并设置颜色

(7) 将之前在【图层】面板中隐藏的扳手图形显示出来，首先选择扳手图形的头部，使用【渐变工具】，应用【渐变】面板中的渐变效果，从上至下地拖拽鼠标绘制出渐变效果，如图5-86所示。接着选择扳手图形的另外一部分，进行同样的渐变绘制，效果如图5-87所示。

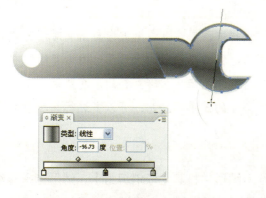

图5-86　绘制扳手图形头部的渐变

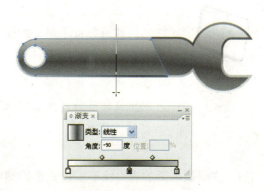

图5-87　绘制扳手手柄的渐变

143

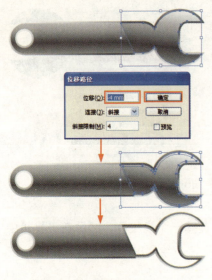

(8) 选择【偏移路径】后的扳手头图形，再次执行【对象】→【路径】→【偏移路径】命令，在弹出的【位移路径】对话框中设置【位移】的数值为【-4】，得到一个新复制出来的收缩图形，并设置为白色，如图5-88所示。

(9) 确定白色的扳手头图形为被选择状态。然后再使用【美工刀工具】，效果如图5-89所示，拖拽出一条柔和的美工刀曲线，将白色的扳手头图形进行切割。使用【直接选择工具】，选择切割后的扳手头的上半部分，然后按下键盘中的【Delete】键将其删除，如图5-90所示。

(10) 选择白色扳手头的下半部分，在【色板】面板中选择【线性渐变1】渐变样本。这时【线性渐变1】的渐

图5-88　【偏移路径】并设置白色

图5-89　使用【美工刀工具】切割

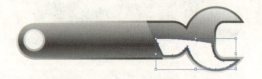

图5-90　删除扳手头的上半部分

变效果就直接出现在【渐变】面板当中，然后使用【渐变工具】从下至上的拖拽鼠标绘制渐变的效果，如图5-91所示。最后再对扳手图形的局部的渐变进行调整，扳手的立体渐变效果就绘制完成了，如图5-92所示。

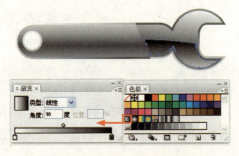

图5-91　扳手头的渐变效果

图5-92　扳手的最终渐变效果

在进行扳手渐变的绘制过程中，要注意渐变方向与角度对渐变效果的影响。尤其是在对底层图形与偏移路径后的上层图形的渐变绘制中，注意渐变方向的相反操作，这样才能产生明暗互补的渐变效果，才能有利于立体感的产生。如果对渐变的效果不满意，可以多进行几次尝试，直到满意为止。

(11) 进行螺丝刀的建立绘制。首先选择螺丝刀图形并将其【取消编组】，然后选择螺丝刀手柄图形，在【渐变】面板中进行渐变编辑，添加两个渐变滑块，将渐变设置的更加丰富。然

后使用▣【渐变工具】从上至下地拖拽鼠标绘制渐变的效果，如图5-93所示。

（12）将之前绘制好的手柄螺纹图形移动至手柄的适合位置中，同样在【渐变】面板中适用螺丝刀手柄的渐变设置，使用▣【渐变工具】从上至下地拖拽鼠标绘制渐变的效果，如图5-94所示。

图5-93 绘制螺丝刀手柄的渐变效果　　　　图5-94 绘制手柄螺纹的渐变效果

（13）选择螺丝刀的刀杆图形，再使用【美工刀工具】，按住【Alt】键拖拽出一条垂直的美工刀切割线，将螺丝刀的刀杆图形进行切割，这样就将刀杆与刀头分割开来，如图5-95所示。

（14）使用【选择工具】选择切割后的刀杆部分，再次使用螺丝刀手柄的渐变效果，使用▣【渐变工具】从上至下地拖拽鼠标为刀杆图形绘制渐变的效果，如图5-96所示。

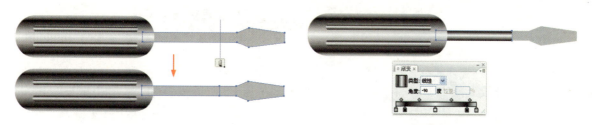

图5-95 使用【美工刀工具】进行切割　　　　图5-96 绘制刀杆的渐变效果

（15）设置螺丝刀刀头的渐变效果。选择切割后的刀头图形，首先为刀头设置一个灰度的渐变效果，如图5-97所示。确定刀头为被选择的状态后，执行【对象】→【路径】→【偏移路径】命令，在弹出的【位移路径】对话框中设置位移的数值为"-2"，得到一个新复制出来的收缩刀头图形，并为其设置一个灰色，如图5-98所示。

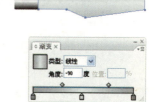

图5-97 为刀头设置渐变效果

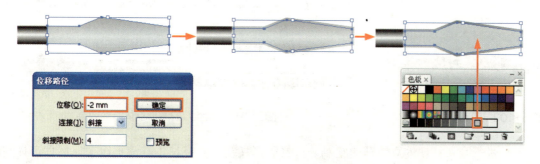

图5-98 对刀头【偏移路径】并设置颜色

(16) 选择新复制出来的收缩刀头图形，再次执行【对象】→【路径】→【偏移路径】命令，在弹出的【位移路径】对话框中设置位移的数值为"-2"，从而又得到了一个新复制出来的收缩刀头图形，并为其设置一个简单的渐变，如图5-99所示。

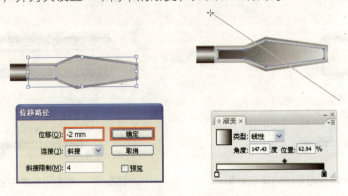

图5-99　再次对刀头【偏移路径】并设置颜色

(17) 按下【Shift】键，选择两个通过【偏移路径】复制出来的刀头图形，然后再按下【Alt】键将这两个图形复制出来，如图5-100所示。选择这两个复制出来的图形，在【路径查找器】面板中，单击【与形状区域相减】按钮，并单击【扩展】按钮，如图5-101所示。

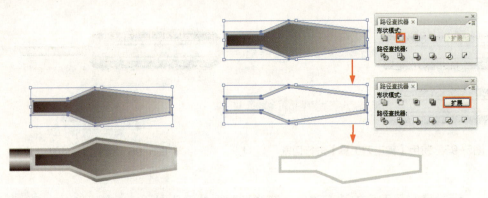

图5-100　复制两个刀头图形　　　　图5-101　将两个刀头图形相减

(18) 接着使用【美工刀工具】，拽出一条美工刀的曲线切割线，将刀头的图形进行切割。然后选择图形的下半部分并将其删除，只保留图形的上半部分，并且为上半部分的图形设置一个白色，效果如图5-102所示。

(19) 至此，螺丝刀的图形立体渐变效果就绘制完成了。将所有的螺丝刀图形进行编组，最后的螺丝刀效果如图5-103 所示。

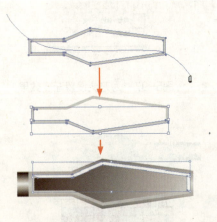

图5-102　切割图形并填色　　　　图5-103　螺丝刀的图形立体渐变效果

(20) 进行圆形按钮的立体渐变绘制。选择圆形按钮，并将其【取消编组】，然后选择圆形按钮中的交叉十字图形，在【渐变】面板中设置两个绿颜色之间的渐变效果。使用【渐变工具】并按住【Shift】键沿45°角由上至下地拖拉出渐变效果，具体设置如图5-104所示。

（21）选择交叉十字图形，按住【Alt】键进行复制。执行【对象】→【路径】→【偏移路径】命令，在弹出的【位移路径】对话框中设置位移的数值为"-4"，得到了一个新复制出来的交叉十字图形，如图5-105所示。

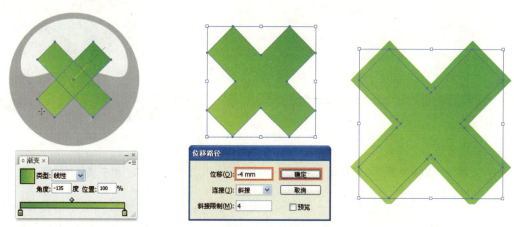

图5-104　交叉十字图形的渐变效果　　　　图5-105　复制交叉十字图形并【偏移路径】

（22）然后将这两个交叉十字图形选择，在【路径查找器】面板中，单击 【与形状区域相减】按钮，并单击 【扩展】按钮，得到一个交叉十字的边框图形，同样使用之前的渐变效果，按住【Shift】键沿45°角由下至上地拖拽出渐变效果，具体设置如图5-106所示。

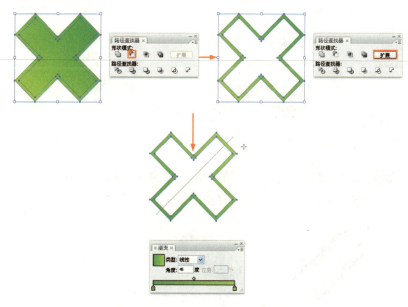

图5-106　制作交叉十字的边框图形

（23）将绘制好的交叉十字的边框图形移动至交叉十字的位置中，在【对齐】面板中单击【水平居中对齐】 ，然后再单击 【垂直居中对齐】按钮，将它们完全重合，效果如图5-107所示。

图5-107　交叉十字的渐变效果

147

(24) 选择最大的圆形图形,在【渐变】面板中设置灰色至白色的渐变,并将【类型】选择为【径向】,使用【渐变工具】从圆形的中心位置向外直线拖拉出渐变效果,如图5-108所示。

(25) 绘制圆形按钮的高光渐变效果。选择变形的月牙图形,单击鼠标右键选择【排列】→【置于顶层】命令,将该图形置于最上层,并设置为白色,如图5-109所示。

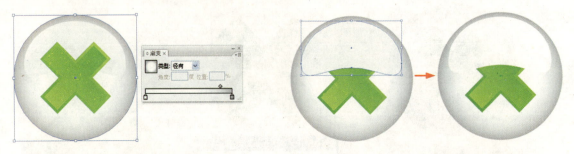

图5-108 为圆形设置渐变　　　　　　　　　图5-109 置于顶层并设置白色

(26) 在月牙图形的上方绘制一个矩形并要略大于月牙图形,然后为该矩形设置一个黑白的线性渐变,如图5-110所示。选择月牙图形与渐变的矩形,然后在【透明度】面板中选择【建立不透明蒙版】命令,圆形按钮的高光效果如图5-111所示。至此,圆形按钮的制作就完成,将其编组。

图5-110 应用【建立不透明蒙版】命令　　　　　图5-111 圆形按钮的效果

(27) 最后将螺丝刀、扳手、圆形图标三部分的图形编组。使用【选择工具】以及【对齐】命令,将这三部分的图形进行组合,最终的效果如图5-112所示。

图5-112 电脑UI图标的绘制

5.3.2 外观概念绘制重复图案

本实例将介绍如何在Illustrator中制作单一图案然后将其进行整体的重复复制，从而最终形成重复的图案背景效果。本实例的制作过程中使用了基本的绘图工具以及填色与描边的设置等，最终的重复图案效果如图5-113所示。

（1）启动Illustrator。选择【文件】→【新建】命令，建立一个新的文档，在【新建文档】对话框中，设置宽度为"20cm"，高度为"20cm"，单位为"厘米"，颜色模式为"CMYK"，如图5-114所示。

图5-113　图案背景最终效果

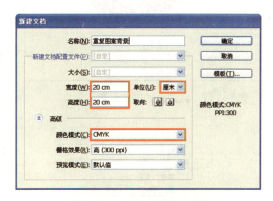

图5-114　建立一个新文档

（2）首先进行基本的图案图形设置。选择工具箱中的【多边形工具】，将鼠标放到画板的位置上单击一下，在弹出的【多边形】对话框中进行参数的设置，如图5-115所示。然后在界面上方的选项栏中将【填色】设置为C：15、M：100、Y：90、K：10的暗红色，六边形的效果如图5-116所示。

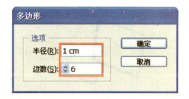

图5-115　进行【多边形】的设置

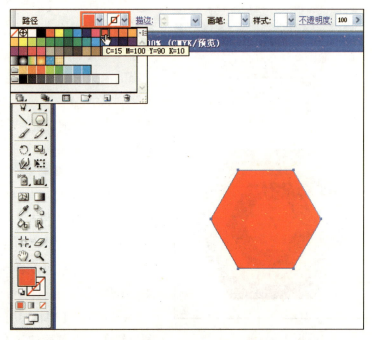

图5-116　六边形的颜色设置

(3) 接着进行六边形【描边】的设置，在界面上方的选项栏中单击【描边】右侧的下拉箭头，在弹出的色板中选择一个色板颜色样式为C：40、M：70、Y：100、K：50的褐色，【描边】的粗细设置为【25pt】，效果如图5-117所示。

(4) 接着来完成一个新的描边效果。首先选择【25pt】粗细的褐色描边。然后选择【窗口】→【外观】命令，在弹出的【外观】面板中，单击面板底部的【复制所有选项按钮】按钮，这样就可以添加一个新的描边效果，如图5-118所示。

图5-117　六边形的描边设置

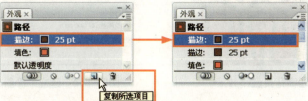

图5-118　在【外观】中添加新描边

 要注意的是，现在还没有看到新添加的描边效果，原因是还没有对该描边进行设置。下面我们就来对新添加的描边进行设置。

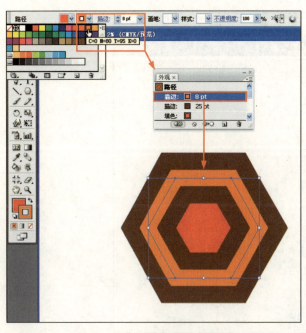

(5) 首先在【外观】面板中，单击选择新添加的描边，然后在界面上方的选项栏中单击【描边】右侧的下拉箭头，在弹出的色板中选择一个色板颜色样式为C：0、M：80、Y：95、K：0的橘红色，并将【描边】的粗细设置为【8pt】，效果如图5-119所示。

(6) 下面对具有多个描边效果的图案图形进行旋转操作。首先选择图案图形，接着在工具箱中双击【旋转工具】，在弹出的【旋转】对话框中输入角度的数值为"90"，这时就可以看到旋转的效果，如图5-120所示。

(7) 按下【Ctrl+U】键，开启【智能参考线】，接着再按下【Ctrl+R】键，开

图5-119　新添加的描边效果

启【显示尺标】，使用鼠标从画板左侧的尺标中拖拽出一条垂直的参考线，并将这条参考线放置到图案图形的中心位置松开鼠标，如图5-121所示。然后在工具箱中选择【直线段工具】，按住【Shift】键沿着参考线从下至上绘制出一条垂直的直线，并将该直线的颜色设置成图案图形的褐色，并将描边的粗细设置为【8.5pt】，效果如图5-122所示。

图5-120 旋转图案图形

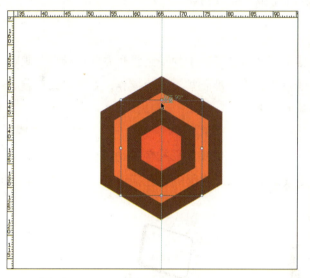

图5-121 设置参考线

图5-122 绘制直线

要注意的是，这里垂直直线的长度要与六边形最外侧褐色描边的长度相一致。

(8) 按下【Ctrl+A】键，全部选择当前画板中的图形，然后执行【对象】→【路径】→【轮廓化描边】命令，将所有描边的对象转换为填充的对象，如图5-123所示。选择工具箱中的【直接选择工具】选择图案图形中的描边粗细为【25pt】的褐色描边对象，然后再次执行一次

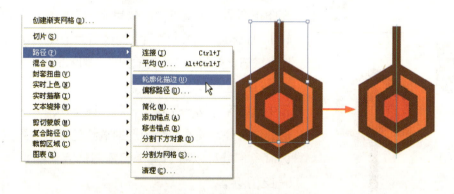

图5-123 执行【轮廓化描边】命令

轮廓化描边】命令，将所有的图形都转换为填充对象，如图5-124所示。

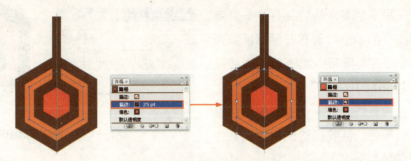

图5-124 再次执行【轮廓化描边】命令

这时要注意的是，描边粗细为【25pt】的褐色描边并没有转化为填充，所以还需要对这一描边进行【轮廓化描边】的操作，这样有助于使后面的图案拼接达到完美的效果。

（9）选择工具箱中的 【直接选择工具】，用鼠标点击图案图形褐色描边顶部的中心点，同时要按下【Shift】键，垂直地将该中心锚点拖拽到图案图形内部的褐色描边中心点的顶部，直至这两个锚点相交，如图5-125所示。

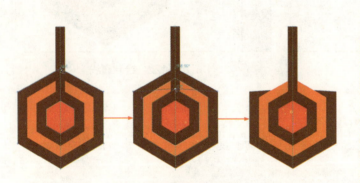

图5-125 调整锚点位置

这一步的操作还是需要按下【Ctrl+U】键，开启【智能参考线】，接着再按下【Ctrl+R】键，开启【显示尺标】，这样才能够更好地完成操作命令。

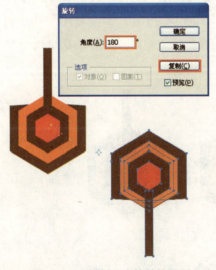

（10）按下【Ctrl+A】键，全部选择当前画板中的图形，接着在工具箱中选择 【旋转工具】。按下【Alt】键在图案图形的右侧的空白处单击一下鼠标，在弹出的【旋转】对话框中输入【角度】的数值为【180】，并单击【复制】按钮，复制一个旋转的图形，如图5-126所示。

（11）全部选择旋转复制出来的图案图形，然后在工具箱中选择 【选择工具】，移动图案图形到另一个图案图形的位置处，使这两个图形的橘红色描边位置完全重合，这时我们就可以看到两个图案图形完全的重合了，如图5-127所示。

图5-126 复制一个旋转的图形

152

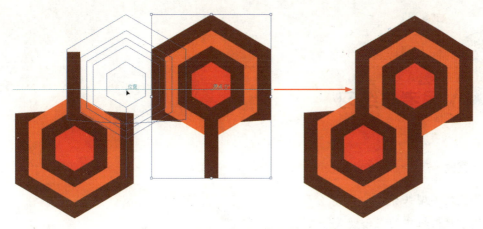

图5-127 将两个图形组合

（12）按下【Ctrl+A】键，全部选择组合后的两个图案图形，然后执行【对象】→【编组】命令，将这两个图案图形进行编组，如图5-128所示。然后用同样的方法以这一编组图形为单位不断地进行图形的排列组合，同时配合参考线最后完成一个不断重复的图案背景效果，如图5-129所示。

图5-128 排列组合编组图案图形

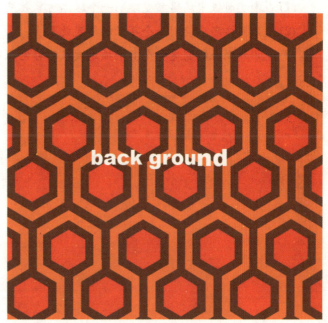

图5-129 最终效果

5.4 本章小结

本章为读者详细介绍了Illustrator的渐变、图层、外观、透明度概念与使用的方法。其中渐变是非常重要和基本的知识，几乎是所有的Illustrator图形绘制都会涉及渐变的使用。渐变网格是以网格为基准的渐变效果，属于更高级的渐变应用方式。能够创作出十分逼真和细腻的矢量作品。此外，图层、外观、透明度的应用可以很好地帮助我们进行作品的绘制。希望读者多加练习，熟练地掌握与应用这些知识，自由地创作属于自己的作品。

思考与练习

1) 填空题

(1) 渐变的类型共有_____种,分别是_____、_____。
(2) 透明度面板中的混合模式一共有_____种。

2) 问答题

(1) 如何通过外观面板来改变对象的填色属性?
(2) 如何在图层面板中显示和隐藏对象?

3) 操作题

(1) 在渐变面板中编辑渐变绘制一个球体对象效果。
(2) 使用网格渐变绘制一个苹果的渐变效果。
(3) 使用外观面板创建一个多个描边效果的彩色五角星。

第6章

文字工具
与文本处理

Illustrator中的文字处理具有十分强大而方便的功能。在Illustrator中将文字视为对象,所以对象的处理方法与命令同样也可以应用于文字。本章为读者主要介绍文字工具的应用以及文本处理的基础知识,包括:从文字的创建到文字的编辑,以及字符面板、文字属性的设置等内容。

本章学习重点与要点:
(1) 文字工具;
(2) 区域文字、路径文字;
(3) 字符面板的概念与应用;
(4) 段落面板的概念。

6.1 文字工具的应用

Illustrator 的文字功能是其最强大的功能之一。在工具箱中单击 T【文字工具】按钮，可以看到文字工具一共为用户提供了6种文字工具，分别是：【文字工具】、【区域文字工具】、【路径文字工具】、【直排文字工具】、【直排区域文字工具】与【直排路径文字工具】。下面我们来逐一认识这些文字工具的功能与用法。

6.1.1 建立横排与竖排文字

1) 横排文字

(1) 横排文字主要是建立横向排列输入的文字效果。在工具箱中单击 T【文字工具】按钮，当鼠标的指针变为 I 时，在画板的图稿中单击鼠标左键，这时看到出现闪烁的光标时，就可以输入文字，如图6-1所示。

图6-1　输入横排文字

(2) 当一行文字输入完成后，可以按下【Enter】键，就可以进入到下一行的文字输入，如图6-2所示。

图6-2　换行输入文字

(3) 当完成了横排文字的输入以后，单击工具箱中的 ▶【选择工具】，就可以整体地选择文字对象，并可以自由地移动、缩放和旋转文字对象，如图6-3所示。

  移动文字对象

  缩放文字对象

  旋转文字对象

图6-3　选择工具对文字对象的操作

2) 竖排文字

(1) 竖排文字主要是建立竖向排列输入的文字效果。在工具箱中选择 【直排文字工具】，就可以建立竖排文本行，具体的文字输入方法与建立横排文字相同。当鼠标的指针变为 时，在画板的图稿中单击鼠标左键，这时看到出现闪烁的光标时，就可以输入文字，如图6-4所示。

(2) 当一排文字输入完成后，可以按下【Enter】键，就可以进入到下一行的文字输入，如图6-5所示。

图6-4　输入竖排文字　　　　　　　　图6-5　换行输入文字

(3）当完成了竖排文字的输入以后，单击工具箱中的 【选择工具】，就可以整体地选择文字对象，并可以自由地移动、缩放和旋转文字对象，如图6-6所示。

移动文字对象

缩放文字对象

旋转文字对象

图6-6　选择工具对文字对象的操作

6.1.2 区域文字

1）创建区域文字

创建区域文字的方法是使用鼠标通过拖拽文本框来创建文字区域，还可以将对象的图形转换为文字区域。

在工具箱中单击 【文字工具】，当鼠标的指针变为I时，在画板的图稿中单击鼠标左键，作为文字的起始点，按住鼠标不放，沿着对角线方向拖拽，拖拽出理想的矩形框后放开鼠标，这时光标就会自动插入文本框内，就可以输入文字，如图6-7所示。

图6-7 文字工具创建区域文字

此外，还可以使用【区域文字工具】配合图形绘制工具来完成区域文字的输入。首先使用【钢笔工具】绘制一个闭合的路径，然后选择【区域文字工具】，将鼠标移动至路径的边缘，当指针变为①时，单击路径的边缘，这时【钢笔工具】所绘制的路径图形就自动转换为文字区域。到此，就可以在转换的文字区域内输入文字了，可以看到文字输入的整体效果与路径图形的形态一致，如图6-8所示。

图6-8 区域文字效果

2）调整文本区域的显示范围

当输入的文本超出了文本框的范围时，会在文本框的右下角出现一个红色的 ⊞ 符号，代表着文字超出文本框的范围。接着可以在工具箱中选择【选择工具】，将鼠标移动至文本框外缘，按住【Shift】键，等比例地拖拽鼠标将文本框的大小拖拽至理想的显示效果位置，如图6-9所示。

图6-9 【选择工具】拖拉文本框

3）文本的串联与中断

如果输入的文本超过了文本框的范围时，还可以将文本串接到另一个文本框中，这种方式就被称为串接文本。

（1）工具箱中选择【选择工具】，在文字起点处按住鼠标左键不放，沿着对角线的方向拖拽鼠标，拖拉出一个文本框，接着复制粘贴一段较长的文字到文本框中，这时就可以看到在文本框的右下角出现了 ⊞ 符号，说明文字的数量超出了文本框的范围，如图6-10所示。

图6-10 拖拉文本框

(2) 选择【选择工具】，将鼠标移动到田符号的位置，当指针变为 时，表示文本已经加载。在画板图稿需要的位置单击并沿对角线拖拽鼠标，当将鼠标松开后就可以看到加载的文字自动地排入新拖拽出来的文本框内，如图6-11所示。

(3) 这时，可以看到这两个文本框是被串接在一起的，如果想将文本的串接中断可以使用【选择工具】，将鼠标放置到第一个文本框的右下角文字的出口处，单击鼠标左键，然后将鼠标移动至第二个文本框的左上角，当鼠标的指针变为 时，单击鼠标左键，就完成文本之间的中断，如图6-12所示。

图6-11　串接文字　　　　　　　　　　　图6-12　文本的中断

4) 创建文本行与文本列

(1) 在工具箱中选择【文字工具】，在文字起点处沿着对角线方向拖拽一个文本框，并复制粘贴一段文字，如图6-13所示。

(2) 使用【选择工具】选择文本框，执行【文字】→【区域文字选项】命令，弹出【区域文字选项】对话框，如图6-14所示。下面我们来认识一下参数的概念。

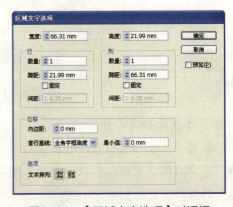

图6-13　拖拉文本框并粘贴文字　　　　　图6-14　【区域文字选项】对话框

(a)【宽度】和【高度】：数值分别是指文字区域的宽度与高度的具体数值设置。

(b)【数量】：是指对象所包含的行数与列数。

(c)【跨距】：是指设定单行与单栏的宽度。

(d)【固定】：确定调整文字区域大小时，行高与栏宽的变化情况。勾选后，调整区域大小时，只会更改行数与栏数，而不会改变高度与宽度。

(e)【间距】：指定行间距或列间距。

(f)【位移】：该选项用于升高或降低文本区域中的首行基线，如图6-15所示。

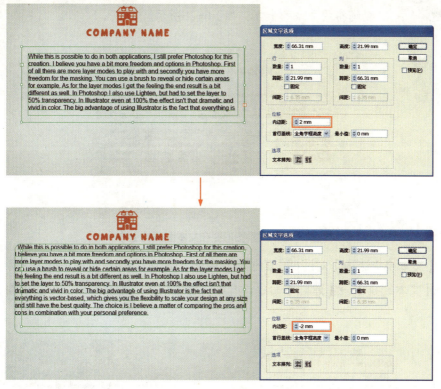

图6-15 【位移】的基线设定

5) 文本绕排

文本绕排在图文的处理与设计中是一种常见的设计表现手法。文本绕排可以将文本绕排在任何对象的周围，包括文字对象、导入的图像、绘制的对象图形。

(1) 首先选择【选择工具】，选择要绕排的对象，并将其移动至文本的上方，如图6-16所示。

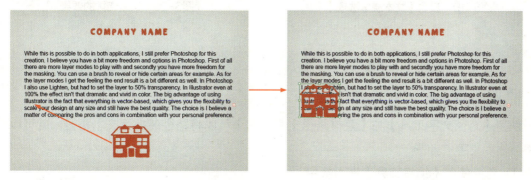

图6-16 将对象放置在文本上方

(2) 接着执行【对象】→【文本绕排】→【文本绕排选项】命令，如图6-17所示。

(a)【位移】：设置文本与绕排对象之间间距的大小，可以输入正值与负值。

(b)【反向绕排】：可围绕对象进行反向的绕排文本。

图6-17 【文本绕排选项】的设置

在进行文本绕排时，对象图形在【图层】面板中一定要直接放置在要绕排的文本的上方，如图6-18所示。

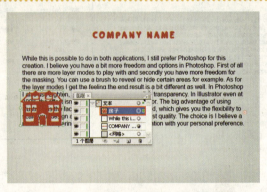

图6-18 对象图形要在文本图层的上方

(3) 在【文本绕排选项】对话框中的位移栏中输入数值为"4"，如图6-19所示，然后执行【对象】→【文本绕排】→【建立】命令，就可以看到文字绕排在对象图形的周围，如图6-20所示。

图6-19 设置【文本绕排选项】　　　　图6-20 文本绕排的效果

6.1.3 路径文字

1）创建路径文字

使用【路径文字工具】与【直排路径文字工具】可以将路径转换为文本路径，就可以编辑文字与输入文字了。

(1) 首先使用【钢笔工具】在画板中的图稿中绘制一条路径曲线，如图6-21所示。

(2) 在工具箱中选择 【路径文字工具】，将鼠标移动至路径曲线的边缘，当鼠标的指针变为 时，单击鼠标左键，然后在出现闪烁的光标后输入文字，效果如图6-22所示。

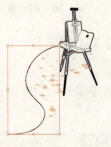 

图6-21 钢笔工具绘制路径　　图6-22 路径文字的效果

> 以上的路径文字效果也可以使用【文字工具】沿对象路径来完成。此外，使用【直排文字工具】、【直排路径文字工具】可以沿着路径创建直排的文字效果，如图6-23所示。

2) 沿路径移动和翻转文字

（1）使用【选择工具】选中路径文字，这时，可以看到路径的起点、中点以及终点，都会出现线形的标记，如图6-24所示。

（2）将鼠标移动至文字的起点标记中，当鼠标指针变为▶时，沿着路径拖动文字的起点标记就可以将文本沿路径移动，如图6-25所示。

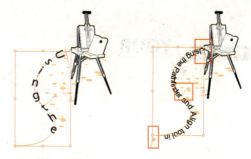

图6-23　直排文字效果　　图6-24　路径的标记

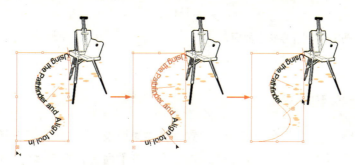

图6-25　沿路径移动文字

（3）将鼠标移动至文字的中点标记中，当鼠标指针变为▶时，拖动中点的标记向着路径的对面方向移动，即可沿路径将文字翻转，如图6-26所示。

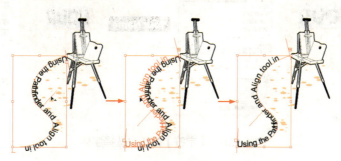

图6-26　翻转路径文字

6.2 文字的设置

在Illustrator中，要进行字体的设计以及图文设计和文字的特效设计制作时，都需要了解与掌握文字的大小、颜色、字体等一系列文字属性的设置。下面我们来学习与掌握这些知识的具体概念和应用。

6.2.1 字符面板

选择好一个文字后，就可以对该文字的文字属性进行设置和编辑。执行【窗口】→【文字】→【字符】命令。开启【字符】面板，然后单击面板右侧的黑色三角按钮，在弹出的下拉菜单中就出来了【字符】面板中的其他命令以及选项，如图6-27所示。

默认情况下，【字符】面板中只显示最常用的命令，在面板中的菜单中选择【显示选项】命令，就可以显示所有的选项，如图6-28所示。

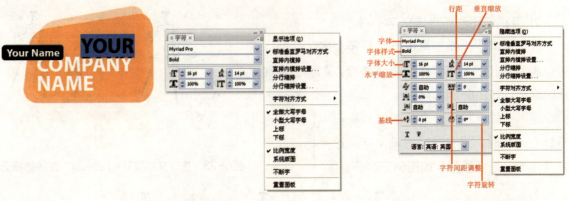

图6-27　【字符】面板　　　　　　　　　图6-28　显示所有的选项

6.2.2 设置字体和字号

当选择了一个字体时，可以分别选择和设置字体类型以及字体样式。首先选择一个字体对象，执行【窗口】→【文字】→【字符】命令。开启【字符】面板，在字体的下拉列表中选择另外一种字体，如图6-29所示。也可以在界面上方的选项栏中为当期文字设置字体，如图6-30所示。

图6-29　【字符】面板中选择字体

图6-30　选项栏中选择字体

也可以执行【文字】→【字体】命令，在弹出的子菜单中选择所需要的字体，如图6-31所示。

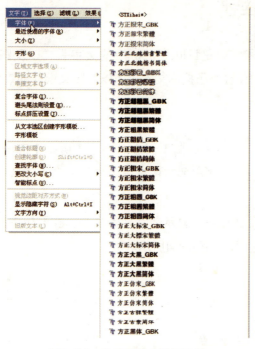

图6-31　字体菜单中选择字体

当选择了一个字体时，可以使用设置字体相同的方法，在【字符】面板、【文字】菜单或者界面上方的选项栏中设置字体的大小，如图6-32所示。

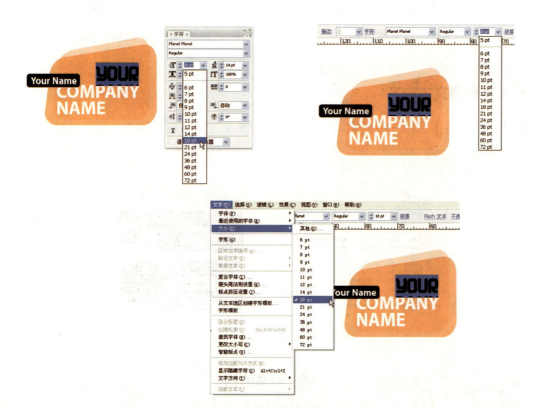

图6-32　字体大小的设置方法

6.3 设置段落样式

对于文本段落的调整和编辑是Illustrator中的文字版式以及图文设计中最重要的内容之一。熟练地应用文本段落的设置对于提高文本排版以及图文设计的效率具有十分重要的意义。

6.3.1 段落面板

执行【窗口】→【文字】→【段落】命令。开启【段落】面板，如图6-33所示。然后单击面板右侧的黑色三角按钮，在弹出的下拉菜单中就出来了【段落】面板中的其他命令以及选项，如图6-33所示。

默认情况下，【段落】面板中只显示最常用的命令，在面板中的菜单中选择【显示选项】命令，就可以显示所有的选项，如图6-34所示。

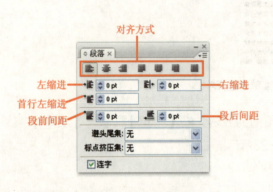
图6-33　段落面板

图6-34　显示所有段落选项

6.3.2 段落文本对齐

用【选择工具】选择一段的文本，或者使用【文字工具】在要改变的段落中单击鼠标插入光标，如图6-35所示。

选择工具

文字工具

图6-35　选择文本

选择段落文本以后，单击【段落】面板中的段落对齐方式按钮，可以看到7种不同的段落对齐方式，分别是：【左对齐】；【居中对齐】；【右对齐】；【两端对齐，末行左对齐】；▤【两端对齐，末行居中对齐】；▤【两端对齐，末行右对齐】；▤【全部两端对齐】。具体效果如图6-36所示。

图6-36 段落文本对齐方式

6.3.3 缩进文本

缩进是指文本和文字对象边界间的间距量。缩进只影响选中的段落，为多个不同的段落设置缩进。

使用【选择工具】或者【文字工具】选中文字段落，在【段落】面板中（图6-37），为【左缩进】与【右缩进】设置的数值都为【15pt】。图6-38所示为【首行左缩进】的数值分别为【20pt】与【-20pt】的效果。

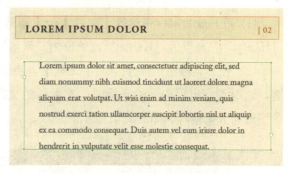

图6-37 缩进文本效果

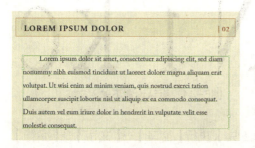
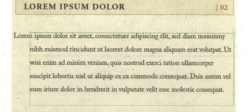

图6-38 【首行左缩进】缩进文本效果

6.4 实例演练

6.4.1 字符面板制作文字标志图形

本实例我们来讲解使用【字符】面板来制作字母的标志图形。主要是利用【字符】面板中对于文字的各项编辑属性。首先对字母进行基本的属性编辑。然后再配合前面章节中介绍过的基本的绘图方法、【路径查找器】以及颜色渐变的应用,最终完成一个简洁、时尚的标志图形设计,最终效果如图6-39所示。

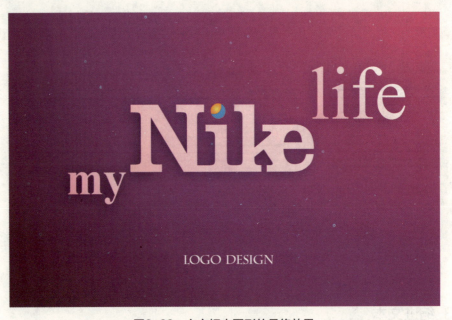

图6-39 文字标志图形的最终效果

(1) 在Illustrator中选择【文件】→【新建】命令,在【新建文档】对话框中,设置宽度为"150mm",高度为"100mm",单位为"毫米",颜色模式为"RGB",如图6-40所示。

(2) 在工具箱中选择 T 【文字工具】,当鼠标的指针变为 I 时,在画板的图稿中单击鼠标左键,这时看到出现闪烁的光标时,在默认的文字设置状态下,输入文字"Nike",要注意第一个字母为大写输入,如图6-41所示。

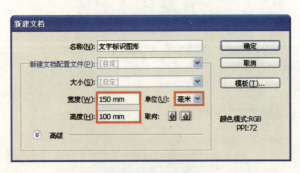

图6-40 新建文档

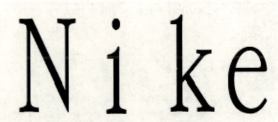

图6-41 默认设置下输入文字

(3) 接着对文字进行设置。在工具箱中选择 ▶ 【选择工具】,执行【窗口】→【文字】→【字符】命令。开启【字符】面板,为文字设置一个适合的英文字体与字号的大小,效果如图6-42所示。

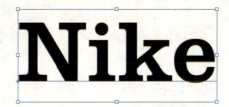

图6-42　设置字体与字号

（4）进行文字间距的设置。确定文字为选择的状态，然后在【字符】面板中，单击 【所选字符的字符间距调整】栏右侧的下拉按钮，在弹出的参数下拉列表中选择【-75】，将文字间的间距设置得更加紧凑，效果如图6-43所示。

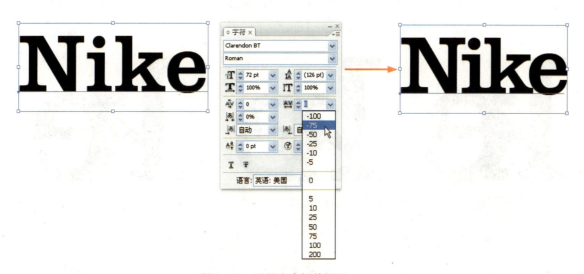

图6-43　设置文字间的间距

（5）下面进行对文字形状的调整。首先使用【选择工具】选择文字，然后单击鼠标右键，在弹出的菜单中选择【创建轮廓】命令，将文本属性的文字转换为一般的填色对象图形，如图6-44所示。

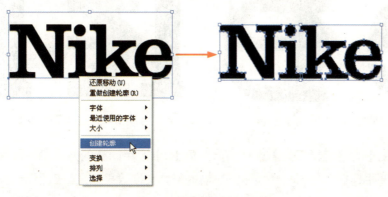

图6-44　将文本的文字创建轮廓

(6) 开始对文字对象图形进行形状的编辑。首先选择【直接选择工具】，在字母【e】内部的填色位置单击鼠标，并按住【Shift】键将字母向左侧的字母【k】移动。移动的效果如图6-45所示。

(7) 进一步对字母对象图形进行形状的编辑。首先使用【直接选择工具】单击字母【e】内部的填色位置，然后选择【选择工具】，这时就会发现【e】字母对象图形就会出现一个方形的选择边框。将鼠标光标放置在选择边框右下角的节点处，按下【Shift+Alt】键，将字母对象图形按照等比例的方式向中心缩小，直至与字母【k】大小相同，如图6-46所示。

图6-45　移动字母的位置

(8) 调整字母对象图形的细节。打开【智能参考线】帮助我们精确地进行后面的操作。使用【直接选择工具】首先选择字母【e】顶部的锚点，按住【Shift】键稍微向上方垂直的拖拽鼠标，是指与字母【k】的水平线完全对齐重合。用同样的方法，将字母【e】底部的锚点与字母【k】的水平线完全对齐重合，效果如图6-47所示。

图6-46　等比例缩小字母【e】　　　　　图6-47　调整字母【e】的效果

(9) 下面对字母对象【k】进行调整。首先使用【直接选择工具】选择与字母对象【e】顶部重复位置所暴露出的小角位置的锚点，按住【Shift】键稍微向上方垂直地拖拽鼠标，直至其效果位置，如图6-48所示。

(10) 继续调整字母对象【k】。使用【直接选择工具】，选择字母对象【k】底部的两个锚点，按住【Shift】键向左侧移动，直到将字母底部连接起来，效果如图6-49所示。

图6-48　调整小角的锚点位置　　　　　图6-49　将字母对象【k】底部连接

(11) 使用【直接选择工具】选择字母对象【i】，用同样的方法将字母对象【i】与字母对象【N】的底部相连接，如图6-50所示。当前的整体文字效果如图6-51所示。

(12) 一个文字标志图形要有画龙点睛的细节，下面使用【直接选择工具】选择字母

图6-50　连接字母【N】与【i】　　　　　　　图6-51　当前的文字效果

【i】，单击右键在弹出的菜单中选择【释放复合路径】命令，如图6-52所示。这时发现字母对象【i】的小圆点对象图形可以自由自动了。按住【Alt】键，将这个小圆点对象图形复制出两个，并按图6-53所示调整它们之间的位置。

图6-52　选择【释放复合路径】命令　　　　　图6-53　复制字母【i】的小圆点

(13) 使用 【直接选择工具】，同时选择两个新复制出来的小圆点对象，然后选择【窗口】→【路径查找器】命令，在【路径查找器】面板中，单击 【与形状区域相减】按钮，接着单击 【扩展】按钮，得到一个月牙形的对象图形，如图6-54所示。

图6-54　将圆点对象相减

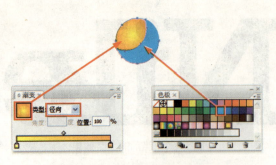

图6-55 为对象设置颜色和渐变

(14)打开【色板】面板以及【渐变】面板，分别在【色板】面板中为月牙形的对象图形设置一个蓝色。之后在【渐变】面板中为字母【i】的小圆点编辑一个黄色的径向渐变，使用【渐变工具】绘制渐变效果。最后将这两个对象图形组合放置在一起，效果如图6-55所示。

(15)进行背景的绘制。在【图层】面板中，将所有的对象全部隐藏。接着使用【矩形工具】创建一个与文档大小一致的矩形，然后在【渐变】面板中编辑一个径向渐变的紫红色，使用【渐变工具】绘制出背景的渐变效果，最后使用【选择工具】选择背景矩形，单击鼠标右键，在弹出的菜单中选择【排列】→【置于底层】命令，具体效果如图6-56所示。

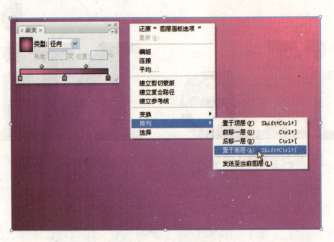

图6-56 绘制背景效果

(16)在【图层】面板中，将所有的对象全部显示出来。当前的效果如图6-57所示。为了方便后面的操作，可以暂时在【图层】面板中将新绘制的背景对象隐藏。

图6-57 当前的画面效果

(17)使用【选择工具】选择文字对象，接着单击鼠标右键，在弹出的菜单中选择【取消编组】命令，这样文字的每个字母就可以单独移动了。接着还是使用【选择工具】将字母【i】的色彩小圆点以外的其他字母对象全部选择。下面在【路径查找器】面板中，单击

【与形状区域相加】按钮，将这些字母对象组合成一个整体的图形对象，并进行扩展，如图6-58所示。

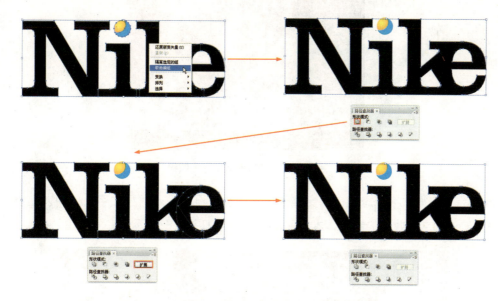

图6-58　将字母对象组合并扩展为一个整体对象图形

(18) 下面为字母对象添加阴影效果。首先选择整体的字母对象，然后执行【窗口】→【图形样式】命令，在弹出的【图形样式】面板中单击黑色的三角按钮，在弹出的菜单中选择【打开图形样式库】→【图像效果】命令，在弹出的【图像效果】面板中单击【阴影】样式。这时，我们就可以看到【阴影】样式添加到了【图形样式】面板中并同时应用到了整体的字母对象当中，效果如图6-59所示。

(19) 为添加阴影后的整体字母设置一个渐变效果。首先选择整体的字母对象，然后在【渐变】面板中设置一个淡粉色的线性渐变，之后使用【渐变工具】从上至下倾斜的拖拉鼠标绘制出渐变的效果，如图6-60所示。

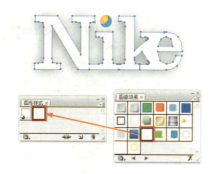 

图6-59　添加阴影样式效果　　　图6-60　编辑渐变效果为字母对象

在为字母对象绘制渐变效果时，要注意其渐变的方向与背景的渐变方向相一致才可以做到整体光照效果的一致性。

(20) 在【图层】面板中将背景对象显示出来,当前的效果如图6-61所示。

图6-61 当前的文字标志效果

(21) 为了取得文字标志设计的完整性,在画板中再次输入两组文字,使用以上步骤中介绍的制作方法进行文字效果的制作,本实例最终的效果如图6-62所示。

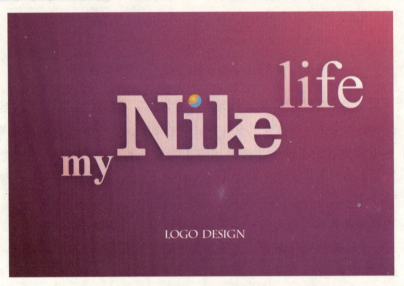

图6-62 实例最终效果

6.4.2 段落与文字工具的版式设计

在本实例中为大家讲解【文字工具】结合【字符】、【段落】面板的使用,进行版式的设计与制作。Illustrator中的文本处理与版式设计的功能是很强大的,尤其是其对文字的处理能力。Illustrator最大的文字处理优势就在于将文字当作矢量的对象处理,因而就避免了像Photoshop软件中文字输出以后的锯齿等现象。如图6-63所示为本实例的最终效果。

(1) 在 Illustrator 中选择【文件】→【新建】命令,在【新建文档】对话框中,设置宽度为"210mm",高度为"297mm",单位为"毫米",颜色模式为"RGB",如图6-64 所示。

图6-63 本实例最终效果

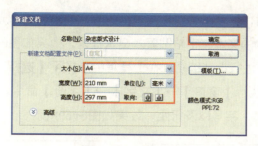

图6-64 新建文档

(2) 建立文档后,按下【Ctrl+R】键,打开标尺。这时就可以使用鼠标在文档的左侧与上方的边框位置拖拽出参考线,来划分整体版式的版块。参考线的效果如图6-65所示。

(3) 进行文字素材的复制。首先打开本书配套光盘\素材\第6章\文章文本.doc文件,这是本例排版使用的文本文字素材的Word文件。打开Word文件的文本以后,按下【Ctrl+A】键将文字全部选择,然后再按下【Ctrl+C】键全部复制所有选择的文本文字,如图6-66所示。

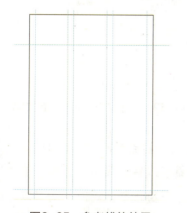

图6-65 参考线的效果　　图6-66 打开文本文字的文件素材

(4) 进行文字素材的导入。回到Illustrator软件中,在工具箱中选择 T 【文字工具】,将鼠标的I光标放置于参考线第一个长条框左侧的交叉点位置按下鼠标,将这个位置作为文本框的起点。然后按住鼠标不放,继续拖拽文本框至长条框底部右侧交叉点的位置,松开鼠标,这时第一个文本框就完成了,具体效果如图6-67所示。

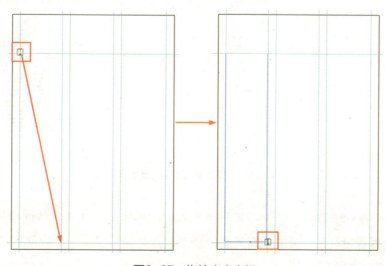

图6-67 拖拽出文本框

(5) 拖拽出文本框之后，就可以看到在文本框的起点处出现闪烁光标。这时就可以直接按下【Ctrl+V】键，将之前复制的文本文字粘贴置入文本框内，效果如图6-68所示。

(6) 对置入的文本文字进行设计编辑。在工具箱中选择【选择工具】，单击选择一下刚刚置入文字的文本框。然后执行【窗口】→【文字】→【字符】命令。开启【字符】面板，为文字设置一个适合的英文字体、字号以及行距，效果如图6-69所示。

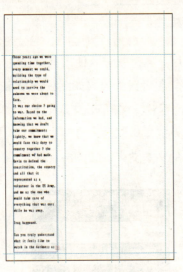

图6-68 粘贴置入文字　　　　图6-69 在【字符】面板设置文字

(7) 复制的文本文字并没有完全实现出来，我们可以看到当前的文本框的右下角出现了一个红色的田符号，代表着文字超出文本框的范围。接着可以在工具箱中选择【选择工具】，将鼠标移动到田符号的位置，当指针变为▶时，表示文本已经加载。这时，就可以在第二个参考线长条框的起点位置，单击鼠标并沿对角线拖拽出第二个长条形的文本框，当将鼠标松开后，加载的文字就自动地排入新拖拽出来的文本框内了，如图6-70所示。这时两个文本框内的文字是串接的属性。

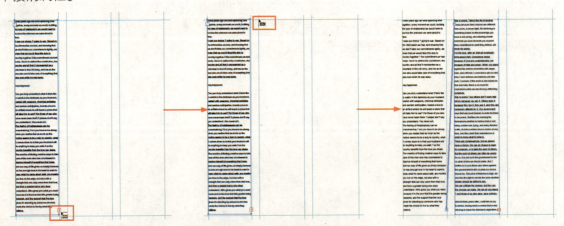

图6-70 继续拖拽文本框显示文字

(8) 用上一个操作步骤的方法进行第三个文本框的拖拽与文本文字的继续显示，效果如图6-71所示。至此本版设计所需要的所有问题就全部置入并显示出来了，并且3个文本框中的文字全部是串接属性的，如图6-71所示。

图6-71 全部显示文本文字

（9）当文本文字全部的置入并显示以后，我们可以发现当前的文本框内的文字段落效果并不整齐，这时我们需要对段落进行调整。使用【选择工具】单击一个文本框，接着执行【窗口】→【文字】→【段落】命令。在【段落】面板中，单击【两端对齐，末行左对齐】按钮，将文本框内的文字对齐。使用这种方法将3个文本框内的文字全部对齐，最后的对齐效果如图6-72所示。

（10）标题文字的制作。同样使用【文字工具】，在参考线的上方空白区域拖拽出一个文本框，具体效果如图6-73所示。拖拽出文本框之后，在文本框的起点处出现闪烁的光标。这时就可以输入标题问题，如图6-74所示的文字。

图6-72 使用段落对齐后的文本文字效果

图6-73 拖拽出标题文本框

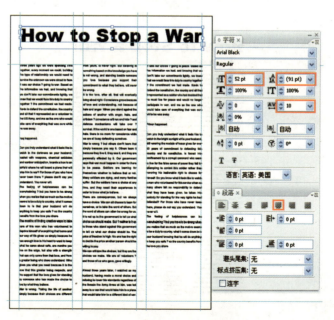

图6-74 设置主标题的文字

(11) 用以上步骤中相同的操作方法继续绘制出副标题以及文章的结束语文字，效果如图6-75所示。至此，本实例的文字排版就完成了。

本实例的文字排版并不复杂，但是关键是整体的版式效果以及字体的选择要经过仔细的思考，最后的版式与字体效果既要整体，又要体现细节与字体的变化。读者可以根据自己的想法进行文字的字体选择以及版式的排版，不一定要与本实例的效果完全一致。

图6-75　文字的排版效果

(12) 下面为整体的版式设计增加效果。首先绘制一个与文档尺寸一样的矩形，并将其排列在画面中的最底层。然后选择这个矩形，执行【窗口】→【图形样式】命令，在弹出的【图形样式】面板中单击黑色的三角按钮。在弹出的菜单中选择【打开图形样式库】→【纹理】命令，在弹出的【纹理】面板中单击【RGB羊皮纸】样式。这时，就可以看到【RGB羊皮纸】样式添加到了【图形样式】面板中，并同时应用到了矩形当中，效果如图6-76所示。

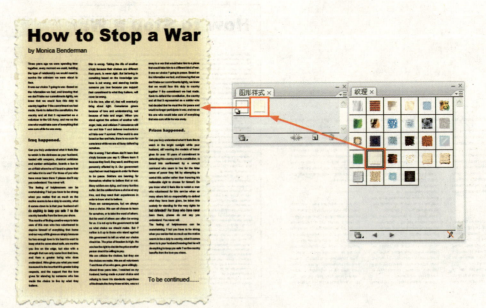

图6-76　添加图层样式效果

(13) 为版式设计添加装饰细节。打开本书配套光盘\素材\第6章\放大镜素材.ai文件。在放大镜素材的文档中使用【选择工具】将该素材选择，然后按下【Crtl+C】键，将放大镜对象复制。然后回到版式设计文档中按下【Crtl+V】键，将放大镜素材粘贴至画面中，然后使用【选择工具】将其调整到适合的位置，从而最终完成本实例的效果，如图6-77所示。

图6-77　本实例的最终效果

6.5 本章小结

通过本章的学习可以使读者们掌握Illustrator中各类【文字工具】的使用以及【字符】、【段落】的概念和应用，并通过实例来结合这些知识点进行实际的练习。使读者充分地了解Illustrator文字的强大功能以及在版式设计方面的应用。这些知识与今后读者所从事的实际文字相关的设计有着重要的联系。

思考与练习

1) 填空题

(1) Illustrator提供了6种文字工具，分别是____、____、____、____、____和____。

(2) 在Illustrator中创建文字的方法有3种，分别是____、____、____。

2) 问答题

(1) 如何拖拽建立文本框并置入文字？如何显示溢出的文字并串接？

(2) 文字工具、区域文字工具和路径文字工具三者的区别是什么？

3) 操作题

(1) 练习创建路径文字。

(2) 练习设置左缩进、右缩进和首行缩进文本。

第 7 章

综合实例演练

通过前面6章的学习，基本为读者们介绍了Illustrator中的主要面板、功能与命令，在本章中我们主要通过多个实例的实际操作讲解，使读者充分掌握与综合应用Illustrator软件的各项命令。在实际的操作中，掌握软件应用的思路与总结自己制作的方法都是十分重要的。

本章学习重点与要点：

(1) 绘制卡通插画；

(2) 制作儿童动画海报；

(3) ipod 产品效果图。

7.1 绘制卡通鸟类角色插画

本实例我们来讲解使用Illustrator中的【矩形工具】、【椭圆工具】等基本绘图工具以及【钢笔工具】、【铅笔工具】等绘图工具来进行卡通角色的绘制。在本实例中，还会使用到一些常用的其他绘图工具以及命令。希望读者可以多加练习，熟练地掌握绘制卡通角色插画的绘制方法与步骤流程，本实例的最终效果如图7-1所示。

图7-1　本实例最终效果

（1）启动Illustrator。选择【文件】→【新建】命令，建立一个新的文档，在【新建文档】对话框中，设置宽度为"100mm"，高度为"150mm"，单位为"毫米"，颜色模式为"CMYK"，如图7-2所示。

（2）在工具箱中选择▢【矩形工具】，将鼠标移动至画板的位置中点击一下鼠标，在弹出的【矩形设置】对话框中进行参数的设置，绘制出一个矩形，如图7-3所示。

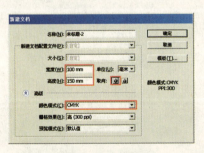　　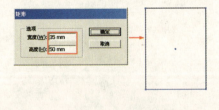

图7-2　建立新文档　　　　　图7-3　绘制矩形

（3）首先确定当前的建立出的矩形图形为被选择的状态，选择【窗口】→【渐变】命令，调出【渐变】的控制面板。使用鼠标点击一下【渐变】控制面板中的第一个渐变滑块，然后双击工具箱中的█【填色】按钮，在弹出的【拾色器】对话框中设置颜色为C：100、M：0、Y：0、K：0，如图7-4所示。接着点击一下【渐变】控制面板中的第二个渐变滑块，在【拾色器】对话框中设置颜色为C：100、M：30、Y：0、K：0，如图7-5所示。

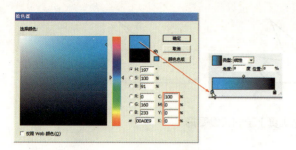
图7-4　设置第一个渐变颜色

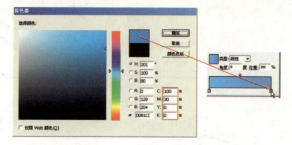
图7-5　设置第二个渐变颜色

（4）在工具箱中选择 【渐变工具】，按下【Shift】键，拖拽鼠标垂直地从矩形图形的顶端到底端拖拽出渐变效果，如图7-6所示。

（5）选择【滤镜】→【风格化】→【圆角】命令，在弹出的【圆角】对话框中输入【半径】的数值为"18mm"，将矩形图形变换为圆角的效果，如图7-7所示。

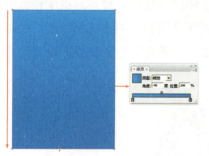
图7-6　绘制渐变效果

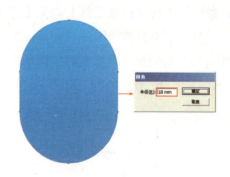
图7-7　进行圆角的设置

（6）选择【效果】→【扭曲和变换】→【自由扭曲】命令，在弹出的【自由扭曲】对话框中，使用鼠标点击一下矩形框的右下角的角点，从右向左拖拽鼠标，使用同样的方法点击一下矩形框的左下角的角点，从左向右拖拽鼠标，将圆角矩形图形变换为图7-8所示的效果。

（7）选择【对象】→【扩展外观】命令，将变换后的圆角矩形图形进行扩展，如图7-9所示。我们将圆角矩形作为卡通鸟角色的身体部分。

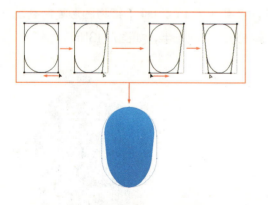

图7-8　进行【自由扭曲】的操作

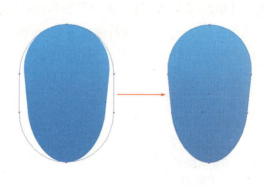
图7-9　扩展圆角矩形

（8）下面为卡通鸟角色添加绘制羽毛的头发图形。首先选择工具箱中的 【钢笔工具】，绘制出一个羽毛状的头发基本形。接着再选择 【转换锚点工具】分别点击每个路径中的锚点，然后使用鼠标拖拽出两条控制杆，通过调节锚点的控制杆就可以调整路径的形状，如图7-10所示。

183

图7-10 使用【钢笔工具】绘制头发图形

在绘制路径形状的同时还可以使用 【直接选择工具】分别点击每个锚点,然后就可以分别移动每个锚点的位置,这样就可以配合 【转换锚点工具】共同来完成整个路径形状的编辑调整。

(9) 通过 【转换锚点工具】与 【直接选择工具】的配合使用,分别对每个锚点进行调整,最后将路径图形调整为图7-11所示的形状。下面使用 【选择工具】选择绘制好的羽毛的头发图形并将其移动至之前绘制好的圆角矩形的顶部位置。接着将羽毛头发图形设置为【CMYK青色】(C:100、M:0、Y:0、K:0),如图7-12所示。

图7-11 头发的最终形状　　　　图7-12 为头发图形设置颜色

(10) 下面来进行卡通鸟肚子的绘制。按下【Ctrl+A】键选择羽毛头发以及身体的图形,然后按下【Ctrl+C】键将这两部分的图形进行复制,接着按下【Ctrl+F】键将图形复制到前面一层。然后将复制出的图形进行缩放将肚子的图形缩小为原来的一半,如图7-13所示。

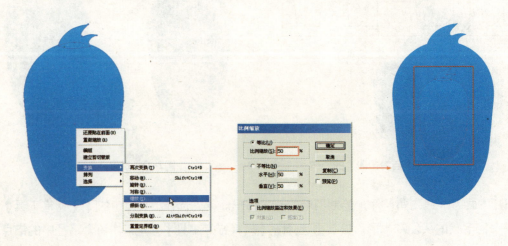

图7-13 复制并缩放肚子图形

(11) 接着对复制出来的图形进行颜色的设置。使用鼠标点击一下【渐变】控制面板中的第一个渐变滑块，然后双击工具箱中的 【填色】按钮，在弹出的【拾色器】对话框中设置颜色为C：60、M：0、Y：0、K：0。接着点击一下【渐变】控制面板中的第二个渐变滑块，在【拾色器】对话框中设置颜色为C：100、M：30、Y：0、K：0，编辑好【渐变】颜色以后，选择 【渐变工具】，按下【Shift】键，拖拽鼠标垂直地从肚子图形的顶端到底端拖拽出渐变效果，如图7-14所示。在工具箱中选择 【选择工具】，将绘制好的肚子图形移动到卡通角色身体的下方，如图7-15所示。

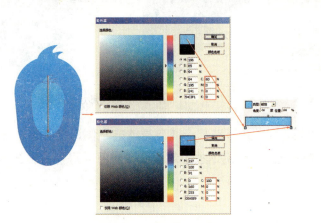

图7-14 设置渐变的颜色　　　　　图7-15 肚子图形的渐变效果

(12) 下面进行卡通鸟角色翅膀的绘制。在工具箱中选择 【椭圆工具】，将鼠标移动至画板的位置中点击一下鼠标，在弹出的【椭圆】对话框中进行参数的设置，绘制出一个椭圆形，然后在【渐变】控制面板中使用鼠标点击一下【渐变】控制面板中的第一个渐变滑块，然后双击工具箱中的 【填色】按钮，在弹出的【拾色器】对话框中设置颜色为C：100、M：0、Y：0、K：0。接着点击一下【渐变】控制面板中的第二个渐变滑块，在【拾色器】对话框中设置颜色为C：100、M：30、Y：0、K：0，在工具箱中选择 【渐变工具】，按下【Shift】键，拖拽鼠标垂直地从翅膀图形的顶端到底端拖拽出渐变效果，如图7-16所示。

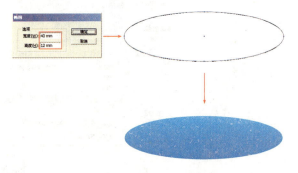

图7-16 绘制渐变的椭圆图形

(13) 接着选择【效果】→【变形】→【拱形】命令，在弹出的【变形选项】对话框中，进行图7-17所示的设置，使椭圆的图形变形为翅膀的羽毛形状。接着再对变形后的翅膀羽毛形状图形进行扩展，选择【对象】→【扩展外观】命令，效果如图7-18所示。

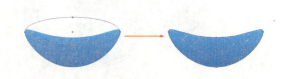

图7-17 进行变形的操作　　　　　图7-18 扩展图形

（14）对羽毛翅膀图形进行复制变换的操作。选择【效果】→【扭曲和变换】→【变换】命令，在弹出的【变换效果】对话框中，进行图7-19所示的设置。复制出两个大小及角度渐变的羽毛。同样对该图形进行扩展操作，选择【对象】→【扩展外观】命令，效果如图7-20所示。卡通鸟角色的翅膀就绘制完成了。

图7-19　变换并复制图形　　　　　　　　图7-20　对图形进行扩展

（15）使用【选择工具】选择羽毛的翅膀将其移动至卡通鸟身体的左侧，接着单击鼠标右键，选择【变换】→【缩放】命令，在弹出的【比例缩放】对话框中对羽毛翅膀图形进行缩放，如图7-21所示。

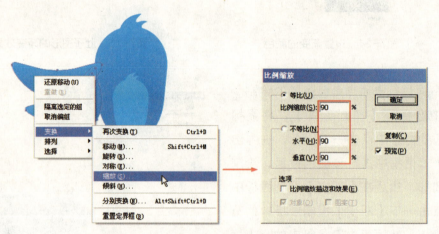

图7-21　移动并缩放翅膀图形

（16）双击工具箱中的【旋转工具】图标按钮，在弹出的【旋转】对话框中的【角度】栏中输入【-30】将羽毛的翅膀旋转，效果如图7-22所示。接着双击工具箱中的【镜像工具】图标按钮，在弹出的【镜像】对话框中，勾选【垂直】选项，在【角度】栏中输入【90】，单击【复制】按钮，如图7-23所示。选择复制出来的羽毛翅膀，将其移动至卡通鸟身体的右侧位置，如图7-24所示。

图7-22　旋转翅膀图形

图7-23 镜像复制翅膀图形　　　　图7-24 翅膀的最终效果

（17）使用上面的15～16的操作步骤中的操作方法制作出卡通鸟角色的尾巴图形，选择尾巴图形接着单击鼠标右键，选择【排列】→【置于底层】命令，效果如图7-25所示。

（18）绘制卡通鸟的腿部图形。首先选择卡通鸟的身体图形，按下【Alt】键拖动鼠标复制卡通鸟的身体图形。接着单击鼠标右键，选择【变换】→【缩放】命令，在弹出的【比例缩放】对话框中对卡通鸟的腿部图形进行缩放，效果如图7-26所示。

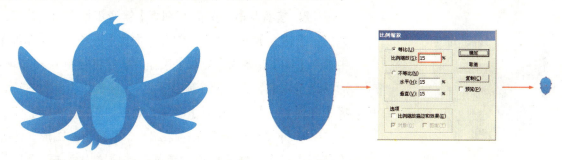

图7-25 制作出尾巴图形　　　　图7-26 复制并缩放完成腿部图形

（19）选择缩放后卡通鸟的腿部图形，并将其放置到卡通鸟身体的下方。为了使腿部图形更加有层次，设置【渐变】控制面板中的第一个渐变滑块的颜色为C：100、M：50、Y：0、K：0，接着设置第二个渐变滑块的颜色为C：100、M：30、Y：0、K：0。选择【渐变工具】，按下【Shift】键，拖拽鼠标垂直地从腿部图形的顶端到底端拖拽出渐变效果，效果如图7-27所示。

图7-27 为腿部图形设置渐变

（20）选择卡通鸟的腿部图形，按下【Alt】键拖动鼠标复制出另一个卡通鸟的腿部图形。接着选择两个腿部的图形，单击鼠标右键，选择【排列】→【置于底层】命令，效果如图7-28所示。

图7-28 复制并排列腿部图形

187

(21) 绘制卡通鸟角色的脚部。使用【钢笔工具】在腿部图形的下方绘制出一个脚的基本形。接着再选择【转换锚点工具】与【直接选择工具】配合使用，分别点击每个路径中的锚点，调整出脚部路径的形状，如图7-29所示。

(22) 为脚部的图形设置渐变颜色。设置【渐变】控制面板中的第一个渐变滑块的颜色为C：0、M：15、Y：85、K：0，接着设置第二个渐变滑块的颜色为C：0、M：35、Y：85、K：0。选择【渐变工具】，按下【Shift】键，拖拽鼠标垂直地从腿部图形的底端到顶端拖拽出渐变效果，效果如图7-30所示。

图7-29　使用【钢笔工具】绘制脚部图形　　　　图7-30　为脚部设置渐变效果

图7-31　镜像复制并排列脚部图形

(23) 接着双击工具箱中的【镜像工具】图标按钮，在弹出的【镜像】对话框中，勾选【垂直】选项，在【角度】栏中输入【90】，单击【复制】按钮，接着将复制出来的脚部图形移动至右侧，选择两个脚部的图形，接着单击鼠标右键，选择【排列】→【置于底层】命令，效果如图7-31所示。

(24) 下面为卡通鸟角色添加一个圆脸蛋的图形。选择【椭圆工具】，将鼠标移动至画板的位置中点击一下鼠标，在弹出的【椭圆】对话框中进行参数的设置，绘制出一个圆形，并双击工具箱中的【填色】按钮，在弹出的【拾色器】对话框中设置颜色为C：65、M：0、Y：0、K：0，如图7-32所示。按下【Alt】键拖动鼠标复制出另一个圆脸蛋的图形并调整这两个图形的位置，效果如图7-33所示。

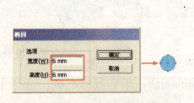

图7-32　绘制脸蛋的椭圆图形　　　　图7-33　复制并调整脸蛋图形

绘制到这里，可以仔细检查一下当前卡通角色的图形前后关系，从当前的效果可以看出卡通鸟角色的尾巴应该在腿部的后面，所以可以选择尾巴图形接着单击鼠标右键，选择【排列】→【置于底层】命令。将尾部的图形放置于腿部的后面，这才是正确的关系。

(25) 绘制卡通鸟眼睛的图形。绘制一个长度与宽度都为"3mm"的正圆形。将【填充】的颜色设置为【无】、【描边】的颜色为【黑色】。【描边】的粗细为【3pt】,如图7-34所示。

(26) 选择【直接选择工具】点击一下圆形底部锚点,然后按下【Delete】键将圆形的下半部分删除掉,如图7-35所示。接着在【描边】面板中单击【圆头端点】按钮,将半圆图形转变为圆头的半圆形,如图7-36所示。按下【Alt】键拖动鼠标复制出另一个圆头的半圆图形,并调整这两个图形的位置,效果如图7-37所示,眼睛的图形就绘制完成了。

图7-34　绘制正圆图形并描边

图7-35　删除正圆形的下半部分　　　　图7-36　设置圆头的半圆形

图7-37　并复制调整位置

(27) 绘制嘴的上半部分形状。使用【钢笔工具】绘制出一个嘴的基本形。接着再使用【转换锚点工具】与【直接选择工具】,分别点击每个路径中的锚点,调整出嘴部路径的形状。然后为嘴部图形设置渐变颜色,设置【渐变】控制面板中的第一个渐变滑块的颜色为C:0、M:15、Y:85、K:0。接着设置第二个渐变滑块的颜色为C:0、M:35、Y:85、K:0。选择【渐变工具】,拖拽鼠标从嘴部图形的顶端到底端拖拽出渐变效果,效果如图7-38所示。

图7-38　绘制嘴的上半部分形状并设置渐变颜色

(28) 绘制嘴的下半部分形状。使用【钢笔工具】，绘制出一个基本形。调整出嘴下半部分路径的形状，然后为该图形设置渐变颜色。设置【渐变】控制面板中的第一个渐变滑块的颜色为C: 10、M: 60、Y: 100、K: 0，接着设置第二个渐变滑块的颜色为C: 0、M: 35、Y: 85、K: 0。使用【渐变工具】，拖拽鼠标从图形的顶端到底端倾斜地拖拽出渐变效果，效果如图7-39所示。接着排列嘴的下半部分形状，单击鼠标右键，选择【排列】→【后移一层】命令，效果如图7-40所示。

图7-39　绘制下半部分嘴形并设置渐变颜色　　　　　图7-40　排列下半部分嘴形

(29) 选择绘制好的嘴的下半部分形状，选择【对象】→【路径】→【偏移路径】命令，在弹出的【位移路径】对话框中的【位移】栏中输入数值【-1mm】，对当前的图形进行路径的收缩处理。然后选择路径收缩后的图形为该图形设置一个黑色的颜色填充，效果如图7-41所示。

图7-41　对于嘴下半部分形状使用【偏移路径】命令

(30) 使用相同的方法绘制嘴部最里面的舌头图形。选择填充黑色的图形，选择【对象】→【路径】→【偏移路径】命令，在弹出的【位移路径】对话框中的位移栏中输入数值"-0.8mm"。然后选择路径收缩后的图形按下键盘上的【↑】键将该图形向上方移动一个单位。接着为该图形设置一个填充颜色，颜色值为C: 0、M: 80、Y: 95、K: 0，如图7-42所示。

图7-42 再次使用【偏移路径】命令并填色

(31) 下面来绘制嘴部的阴影图形效果。选择之前绘制好的嘴的下半部分形状,按下【Alt】键拖动鼠标复制出另一个相同的图形,并配合键盘上的方向键,将这个图形移动到稍微下方一点的位置。然后为该图形设置渐变颜色,设置【渐变】控制面板中的第一个渐变滑块的颜色为 C:75、M:28、Y:0、K:0,接着设置第二个渐变滑块的颜色为 C:90、M:70、Y:0、K:0。使用【渐变工具】,拖拽鼠标从图形的顶端到底端倾斜地拖拽出渐变效果,最后单击鼠标右键,选择【排列】→【后移一层】命令,将嘴部的阴影后移一层,如图7-43所示。

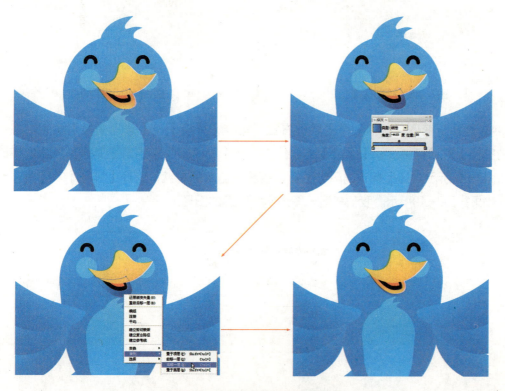

图7-43 绘制嘴部的阴影图形效果

(32) 下面绘制一些线条来增加卡通插画的细节。在工具箱中双击 【铅笔工具】图标按钮，在弹出的【铅笔工具首选项】中将【保真度】设置为10，【平滑度】设置为55。将【填充】的颜色设置为【无】，【描边】的颜色为【青色】，【描边】的粗细为【2pt】。绘制线条效果如图7-44所示。

图7-44　绘制一些线条细节

(33) 下面来进行卡通角色阴影的绘制。选择 【椭圆工具】，将鼠标移动至画板的位置中点击一下鼠标，在弹出的【椭圆】对话框中进行参数的设置，绘制出一个圆形，如图7-45所示。然后为该图形设置渐变颜色，设置【渐变】控制面板中的第一个渐变滑块的颜色为C：0、M：0、Y：0、K：35，接着设置第二个渐变滑块的颜色为C：0、M：0、Y：0、K：0，并将渐变的【类型】选择为【径向】，渐变的效果如图7-46所示。

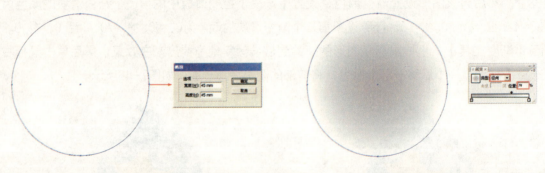

图7-45　绘制椭圆　　　　　　　　　图7-46　设置渐变

(34) 选择渐变圆形，然后单击鼠标右键，选择【变换】→【分别变换】命令，在弹出的【分别变换】对话框中设置【垂直】的数值为【15】，将正圆形的渐变变换为压扁的椭圆形渐变，如图7-47所示。选择椭圆的阴影图形，接着单击鼠标右键，选择【排列】→【置于底层】命令，效果如图7-48所示。我们将这一图形作为阴影的图形。

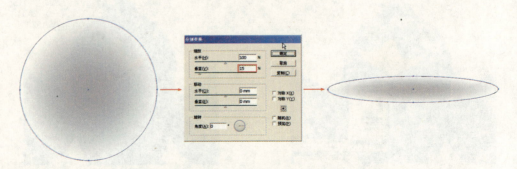

图7-47　变换渐变的椭圆图形

(35) 至此，卡通鸟角色的插画就绘制完成了，为了使画面的形式更加完整，读者还可以在画面中添加绘制一些辅助的图形以及文字效果，读者可以自由地发挥，如图7-49所示。

图7-48　排列椭圆图形　　　　　　　　　图7-49　本实例最终效果

7.2　绘制儿童动画海报

本实例重点为大家讲解使用路径查找器配合基本的绘图工具绘制卡通动画海报的方法与技巧。路径查找器在Illustrator中是最为重要和有效的图形绘制工具，读者必须熟练地掌握它的用法。本实例在色彩的搭配方面大量使用了蓝色与绿色的邻近色，并在局部作了小面积的颜色对比，而且在明度方面拉开了黑、白、灰的反差从而取得了良好的颜色效果，从整体上体现出了良好的视觉冲击力。本实例的另一大特色就是背景的制作技巧，希望大家灵活掌握，举一反三。图7-50所示为本实例的最终效果。

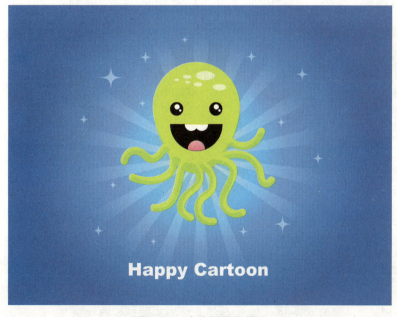

图7-50　本实例最终效果

193

(1) 启动 Illustrator。选择【文件】→【新建】命令，建立一个新的文档，在【新建文档】对话框中，设置宽度为"11"，高度为"8.5"，单位为"英寸"，颜色模式为"RGB"，如图 7-51 所示。

(2) 在工具箱中选择 【矩形工具】，将鼠标移动至画板的位置点击一下鼠标，在弹出的【椭圆】对话框中进行参数的设置，绘制出一个正圆形，接着在色板中选择一个绿色填充圆形，并且将描边设置为【无】，效果如图7-52所示。

图7-51 建立新文档

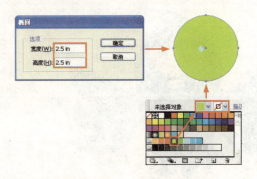

图7-52 绘制一个绿色的正圆形

(3) 在工具箱中选择 【直接选择工具】，使用鼠标点击正圆形底部的锚点，并向正下方拖动半英寸的距离，绘制出一个【蛋形】的椭圆形，效果如图7-53所示。

(4) 选择【蛋形】的椭圆，然后执行【编辑】→【复制】命令将该图形进行复制，接着执行【编辑】→【贴在前面】命令，将新复制的【蛋形】椭圆复制到前面。选择前面的【蛋形】椭圆，使用【选择工具】点击该图形底部的锚点，向正上方拖动"0.25"英寸，然后为该图形填充一个亮的绿色，效果如图7-54所示。

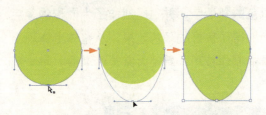

图7-53 编辑正圆形

图7-54 复制并编辑新【蛋形】椭圆

(5) 绘制卡通角色头部的斑纹。使用 【矩形工具】在新复制出的【蛋形】椭圆的上方绘制出六个大小不同的扁长形椭圆，并且双击工具箱中的 【填色】按钮，在弹出的【拾色器】对话框中设置颜色为 R：242、G：242、B：182，为图形填充淡黄色，效果如图 7-55 所示。之后选择当前所有的图形，执行【对象】→【编组】，使得所有的图形成组。

图7-55 绘制角色头部斑纹

绘制角色头部斑纹的方法是先绘制出一个扁长的椭圆形，然后将其复制并调整图形的大小。要注意的就是斑纹大小以及疏密的布局，最后整体斑纹的图形要形成以最大的斑纹图形为中心的发射三角形，这样就会使得多个斑纹图形形成丰富而不散乱的整体效果。

(6) 开始绘制章鱼卡通角色的嘴部。使用▢【矩形工具】绘制出一个长度和宽度均为"1.5"英寸的正圆形,然后为该正圆形填充一个纯黑色并设置描边为【无】。接着使用▢【矩形工具】,沿着正圆形中线的位置绘制出一个纯黑色、无描边矩形。下面选择正圆形和矩形,执行【窗口】→【对齐】命令,在【对齐】面板中单击 【水平居中对齐】按钮,将矩形以正圆形的中线成居中对齐,效果如图7-56所示。

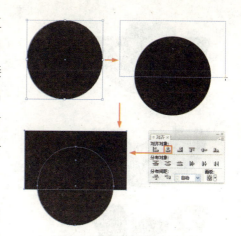

图7-56 绘制正圆形和矩形并对其

(7) 在正圆形和矩形都被选择的状态下,执行【窗口】→【路径查找器】,在【路径查找器】面板中单击 【与形状区域相减】按钮,裁剪成半圆的图形效果。接着在【路径查找器】面板中单击 【扩展】按钮,将其转换为一个普通的对象图形,如图7-57所示。

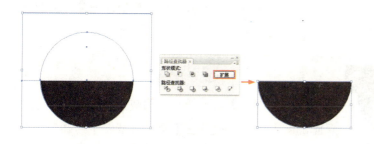

图7-57 使用【路径查找器】编辑图形

> 提示
> 在【路径查找器】中单击 【与形状区域相减】按钮的同时,还可以按住【Alt】键,就可以自动完成【扩展】命令的操作。

(8) 开始绘制牙齿图形。首先使用▢【矩形工具】绘制出一个长度和宽度均为"0.375"英寸的纯黑色、无描边的正圆形。选择该正圆形,按下【Alt】键之后再配合【Shift】键向右侧水平拖动复制正圆形,如图7-58所示。选择这两个正圆形并执行【对象】→【编组】,将它们编组。

(9) 将复制出的两个正圆形放置到嘴部图形的顶部,要注意两个正圆形的中线要与嘴部图形的顶部完全重合。接着将它们全部选择,执行【窗口】→【对齐】命令,在【对齐】面板中单击 【水平居中对齐】按钮,将它们居中对齐,如图7-59所示。

图7-58 复制正圆形

图7-59 将牙齿和嘴部图形对齐

(10) 选择编组的两个正圆形,执行【编辑】→【复制】命令将该图形进行复制,接着执行【编辑】→【贴在前面】命令。同时选择新复制出的编组正圆形和黑色的嘴部图形,执行【窗口】→【路径查找器】,在【路径查找器】面板中单击 【与形状区域相减】按钮,接着单击【路径查找器】面板中的【扩展】按钮,如图7-60所示。

195

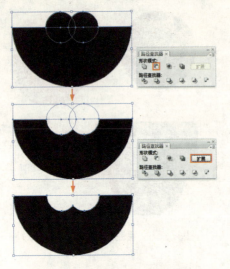

图7-60 相减并扩展出牙齿图形

> **提示**
> 复制编组的两个正圆形之后,为了操作方便我们可以将其中的一组正圆形在图层面板中单击【显示图层】按钮,暂时将其隐藏掉,这样可以方便后面的操作。

(11) 在图层面板中单击【显示图层】按钮,将之前复制的编组正圆形显示出来,并将颜色填充设置为纯白色、无描边。接着使用【矩形工具】,沿着编组的正圆形中线的位置绘制出一个纯黑色、无描边矩形。将它们同时选择,执行【窗口】→【路径查找器】,在【路径查找器】面板中单击【与形状区域相减】按钮,裁剪成半圆的图形效果。接着在【路径查找器】面板中单击【扩展】按钮,将其转换为一个普通的对象图形,如图7-61所示。

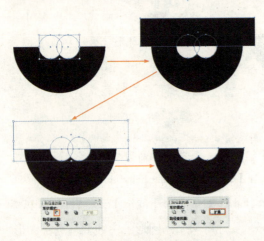

图7-61 绘制完成嘴部和牙齿的图形

(12) 下面绘制舌头的图形。使用【矩形工具】绘制出一个长度和宽度均为"0.5"英寸的纯白色填充的正圆形,描边的粗细为【0.5pt】,描边颜色为黑色。将该正圆形放置到嘴部图形的正下方,这时要注意将嘴部图形复制一个并先隐藏。然后选择它们,在【对齐】面板中单击【水平居中对齐】按钮,将它们居中对齐。然后在【路径查找器】面板中单击【与形状区域相交】按钮,操作步骤及效果如图7-62所示。接着单击【扩展】按钮,最后将隐藏的嘴部图形显示出来,效果如图7-63所示。

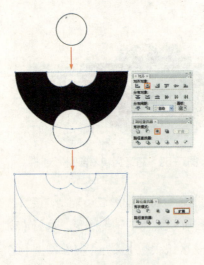

图7-62 绘制舌头图形

(13) 为舌头图形添加渐变颜色。调出【渐变】的控制面板。使用鼠标点击一下【渐变】控制面板中的第一个渐变滑块,然后双击工具箱中的【填色】按钮,在弹出的【拾色器】对话框中设置颜色为R:246、G:179、B:208。接着点击一下【渐变】控制面板中的第二个渐变滑块,在【拾色器】对话框中设置颜色为R：249、G：43、B：142。在工具箱中选择▢【渐变工具】，按下【Shift】键，拖拽鼠标垂直地从顶端到底端拖拽出渐变效果，如图7-64所示。

（14）将嘴部、牙齿、舌头图形全部选择并编组，然后将其放置在章鱼角色头部的适合位置。接着执行【窗口】→【对齐】命令，在【对齐】面板中单击 【水平居中对齐】按钮，将它们居中对齐，如图7-65所示。

图7-63　绘制完成的舌头效果

图7-64　为舌头绘制渐变颜色

图7-65　对齐图形

（15）绘制章鱼角色的眼睛。使用▢【矩形工具】绘制出一个宽度和宽度均为"0.375"英寸的纯黑色正圆形、无描边，然后在这一黑色正圆形中绘制两个大小不同的白色正圆形，作为眼睛的高光和反光，如图7-66所示。下面将眼睛的图形编组，将其放置在章鱼角色的头部中，按下【Alt】键之后再配合【Shift】键向右侧水平拖动复制出另外一只眼睛，如图7-67所示。

图7-66　绘制眼睛

（16）下面绘制章鱼的触手。选择工具箱中的▢【钢笔工具】，在章鱼角色头部1/3的位置处绘制出一条三个锚点的直线，设置填色无、描边为黑色。接着再选择▢【转换锚点工具】和▢【直接选择工具】分别编辑每个路径中的锚点如图7-68所示。在【描边】面板中设置【粗细】为【15pt】并单击▢【圆头端点】按钮，效果如图7-69所示。

图7-67　复制眼睛　　　　图7-68　绘制触角曲线　　　　图7-69　编辑触角效果

（17）选择章鱼角色的触手，然后执行【对象】→【扩展】命令，将描边对象转换为一般的填充对象，然后为触手设置一个与章鱼头部一样的绿色，效果如图7-70所示。

图7-70　【扩展】并设置触手颜色

(18) 选择触手，按下【Alt】键之后再配合【Shift】键向斜下方拖动1/2的位置复制出另外一只触手，并将新复制的触手设置为章鱼头部暗部的暗绿色，效果如图7-71所示。

(19) 选择原先的亮绿色触手，执行【编辑】→【复制】命令将该图形进行复制，接着执行【编辑】→【贴在前面】命令。先将复制粘贴在前面的触手隐藏起来，然后选择当前的两个不同颜色的触手。再【路径查找器】面板中单击 【与形状区域相交】按钮，接着单击 【扩展】按钮，最后将隐藏的触手图形显示出来，效果如图7-72所示。

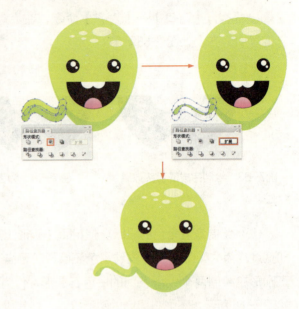

图7-71 复制触手并设置颜色　　　　　　图7-72 单只触手的效果

(20) 用相同的方法，将章鱼其他的七条触手制作出来，这里要注意的就是章鱼触手暗部的变化要考虑到光源的整体照明效果，要做到一致统一，最后的章鱼卡通角色效果如图7-73所示，并且将章鱼卡通角色放置到画板的中心位置。

(21) 执行【窗口】→【图层】命令，调出【图层】面板。在图层面板底部单击 【新建图层】按钮，接着将所有的章鱼图层全部拖拽到这个新建的图层中。单击 【显示图层】按钮将章鱼这个图层隐藏。最后再新建一个图层作为绘制背景的图层，如图7-74所示。

(22) 开始绘制背景效果。首先绘制一个与文档尺寸大小一样的矩形，将该矩形与画板完全重合。为矩形设置渐变效果，并选择【径向】方式。分别设置三个渐变滑块的颜色数值为R: 120、G: 239、B: 255；R: 79、G: 162、B: 252；R: 4、G: 98、B: 183。效果如图7-75所示。

图7-73 章鱼的效果　　　　图7-74 建立图层　　　　图7-75 绘制背景的渐变颜色

(23）建立一个宽度为"0.75"英寸、高度为"11"英寸的矩形，并使用对齐工具使其与渐变的矩形水平居中对齐，如图7-76所示。接着选择该矩形执行【效果】→【扭曲和变换】→【自由扭曲】命令，在弹出的【自由扭曲】对话框中，用鼠标点击一下矩形框的右上角的角点，按下【Shift】键从右向左拖拽鼠标，使用同样的方法点击一下矩形框的右上角的角点，从左向右拖拽鼠标，变换后的效果如图7-77所示。

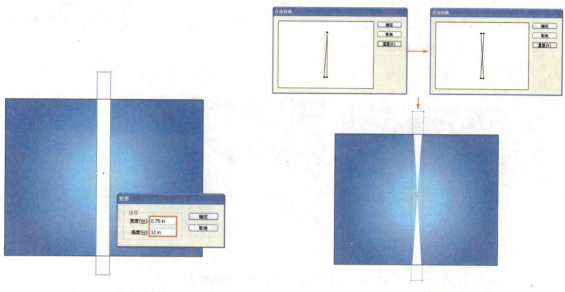

图7-76 绘制矩形　　　　　　　图7-77 进行【自由扭曲】的操作

（24）选择【自由扭曲】后的矩形，然后执行【对象】→【扩展外观】命令，设置填充的颜色为纯白色、描边为无。执行【对象】→【变换】→【旋转】命令，在弹出的【旋转】对话框中将旋转的角度设置为【20】度，如图7-78所示。接着按下【Ctrl+D】键继续进行重复的旋转复制，直到完成全部的放射效果，如图7-79所示。

（25）选择全部的放射图形，将其进行编组。然后执行【窗口】→【透明度】，调出【透明度】面板，将【不透明度】的数值设置为【50%】，效果如图7-80所示。

图7-78 旋转后的效果　　　图7-79 完成后的放射效果　　　图7-80 调整【不透明度】的效果

（26）绘制一个【宽度】和【高度】均为"7"英寸的正圆形在画板的中心位置，并为该正圆形设置【径向】渐变效果，第一个渐变滑块的颜色为纯白色，第二个渐变滑块的颜色为纯黑色，效果如图7-81所示。

图7-81 设置渐变的效果

（27）选择放射图形和中心的渐变椭圆形，然后在【透明度面板】中选择【建立不透明蒙版】命令，并将不透明度的数值设置为"50%"，效果如图7-82所示。

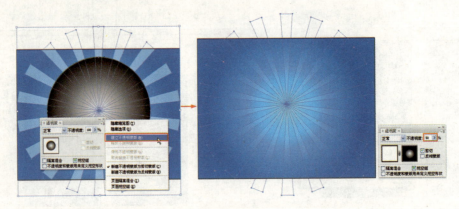

图7-82 【建立不透明蒙版】后的效果

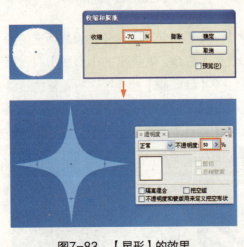

图7-83 【星形】的效果

（28）绘制背景的装饰性图形。首先绘制一个【宽度】和【高度】均为"0.5"英寸的正圆形，填充纯白色、无描边。接着选择该正圆形，执行【效果】→【扭曲和变换】→【收缩和膨胀】命令，在弹出的【收缩和膨胀】对话框中，将收缩的数值设置为"-70"，这时就会出现一个【星形】的效果，然后在【透明度面板】中将不透明度的数值设置为"50%"，效果如图7-83所示。

（29）将星形图形进行复制并放置到画面中的各个位置中，效果如图7-84所示。最后将章鱼的图层显示出来，再加上动画海报的主题文字，本实例最终的效果如图7-85所示。

图7-84 星形的背景装饰效果　　　　图7-85 本实例的最终效果

7.3 绘制ipod二维产品效果图

本实例为大家讲解ipod 二维产品效果图的绘制。由于Illustrator是一款很优秀的矢量绘图软件，尤其是自身各类丰富的绘图工具的强大功能所提供的支持，所以一直以来都是产品设计师非常钟爱的一款二维效果的表现软件。本实例我们就主要为大家精解如何在Illustrator软件中进行二维产品效果图的绘制及其操作思路。本实例的最终效果，如图7-86所示。本实例的操作过程大致分为4个部分：外形的创建、机身表面的渐变、操作键的绘制、屏幕的绘制。

（1）启动 Illustrator。选择【文件】→【新建】命令，建立一个新的文档，在【新建文档】对话框中，设置宽度为"210mm"，高度为"297mm"，单位为"毫米"，颜色模式为"RGB"，如图 7-87 所示。

图7-86　本实例最终效果　　　　　图7-87　新建文档

（2）ipod产品有多款颜色。我们讲解黑色iPod的绘制。首先创建ipod产品的外观轮廓，通过分析我们可以得知为一圆角矩形。所以先来创建一个适合的圆角矩形。首先在工具箱中选择▣【圆角矩形工具】，绘制一个效果如图7-88所示的圆角矩形。

（3）下面创建 ipod 的机身形态。还是使用上一步的【圆角矩形】的参数设置，绘制出一个填色无描边的圆角矩形，作为机身的形态，并且为其设置一个渐变颜色。在【渐变】面板中，设置第一个渐变颜色滑块的数值为 R：150、G：160、B：172；接着设置第二个渐变滑块的颜色数值为 R：0、G：1、B：1。在工具箱中选择▣【渐变工具】，按下【Shift】键，拖拽鼠标垂直地从上至下拖拽出渐变效果，如图 7-89 所示。

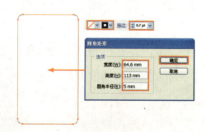

图7-88　创建圆角矩形作为外轮廓　　　图7-89　绘制机身的图形以及渐变效果

(4) 绘制ipod机身的反光渐变效果。选择新绘制出来的ipod机身图形，然后按住【Alt】键将其复制。在工具箱中选择【美工刀工具】，在机身图形右下角的位置按住【Alt】键拖拽鼠标绘制一条直线的切割线，这时就将机身图形切割成两个部分的图形。使用【直接选择工具】选择切割图形的上半部分并将其删除，具体效果如图7-90所示。

(5) 为切割以后的图形设置一个深灰色效果，如图7-91所示。

图7-90 【美工刀工具】切割图形

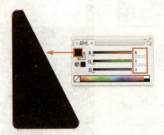

图7-91 为图形设置颜色

(6) 使用【选择工具】，将设置深灰色以后的割切图形移动到之前的机身渐变图形的位置处，将它们全部选择之后，在【对齐】面板中单击【水平居中对齐】按钮，将它们居中对齐，效果如图7-92所示。这时，机身的渐变光感就设置完了。

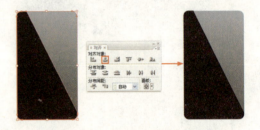

图7-92 机身的整体渐变效果

要注意绘制iPod的渐变光感时，头脑中要有一个整体的光照效果的设想。具体要构思好光源的照明方向，甚至是影棚中的反光板位置，这样才能概括得准确以及快速地表现出产品的真实渐变光感效果。此外，还可以多参考一些产品的影棚照片，这对于我们的绘制有着极大的帮助。

图7-93 对齐轮廓线和机身

(7) 使用【选择工具】选择最开始创建的iPod外观轮廓线，将其移动到机身的位置处，同样在【对齐】面板中单击【水平居中对齐】按钮，将它们居中对齐，效果如图7-93所示。

(8) 下面绘制ipod的圆形操作键盘。首先使用【椭圆工具】创建一个正圆形，作为操作键盘的图形，然后为其设置一个渐变颜色。在【渐变】面板中，设置第一个渐变颜色滑块的数值为R：0、G：1、B：1；接着设置第二个渐变滑块的颜色数值为R：78、G：83、B：88。在工具箱中选择【渐变工具】，按下【Shift】键，拖拽鼠标垂直地从下至上拖拽出渐变效果，如图7-94所示。

(9) 使用同样的方法再次绘制一个小的正圆形作为圆形操作键中间的圆形按钮，具体设置参数如图7-95所示。

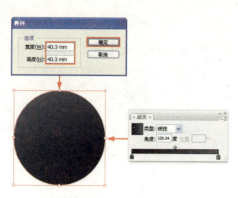
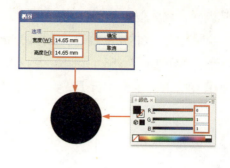

图7-94 创建正圆形并设置渐变　　　　图7-95 创建小正圆形并设置渐变

（10）使用 【选择工具】将两个圆形的操作键盘图形同时选择，然后在【对齐】面板中单击【水平居中对齐】 ，然后再单击 【垂直居中对齐】按钮，如图7-96所示。完成后对这两个图形进行编组。

（11）下面使用基本的图形工具以及【文字工具】绘制 ipod 圆形键盘上的指示标识图形。绘制完成后将其放置于圆形键盘的上方处，接着使用 【选择工具】将它们全部选择，在【对齐】面板中单击【水平居中对齐】 ，然后再单击 【垂直居中对齐】按钮，将它们完全对齐，最终的效果如图7-97所示。或者打开本书配套光盘\素材\第7章\ipod 键盘标识图形.ai 文件,直接调用素材。

图7-96 对齐并编组　　　　　图7-97 绘制标识并将键盘与标识全部对齐

（12）进行显示屏幕的绘制。首先使用 【矩形工具】来创建一个矩形作为屏幕的轮廓，效果如图7-98所示。

（13）绘制屏幕的图形。使用 【矩形工具】来创建一个比屏幕轮廓尺寸稍微大一点的矩形，并为其设置一个屏幕的蓝色，效果如图7-99所示。

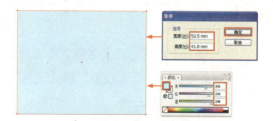

图7-98 创建矩形作为屏幕轮廓　　　　图7-99 绘制屏幕的矩形并设置颜色

（14）绘制屏幕的高光渐变图形。选择屏幕图形，然后按住【Alt】键将其复制。在工具箱中选择 【美工刀工具】，在屏幕图形左下角的位置拖拽鼠标绘制一条柔和的切割曲线，这时复制出来的屏幕图形切割成了两部分。使用 【直接选择工具】选择切割图形的下半部分并将其删除，具体效果如图7-100所示。

（15）绘制高光图形的渐变效果。选择切割出来的高光图形，然后在【渐变】面板中设置第一个渐变颜色滑块的数值为 R：255、G：255、B：255；接着设置第二个渐变滑块的颜色数值为 R：209、G：235、B：250。在工具箱中选择【渐变工具】，拖拽鼠标从下至上拖拽出渐变效果，如图 7-101 所示。

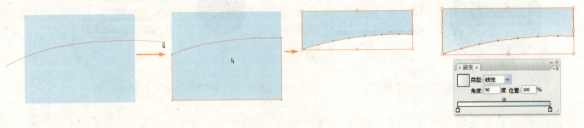

图7-100　【美工刀工具】切割出高光图形　　　　图7-101　绘制高光图形的渐变

（16）使用【选择工具】将屏幕的轮廓图形、屏幕图形以及高光图形放置在一起，要注意排列的层级关系。将这三个图形全部选择以后，在【对齐】面板中单击【水平居中对齐】，然后再单击【垂直顶对齐】按钮，将它们完全对齐，最终的效果如图7-102所示。屏幕的效果就绘制完成了。

（17）将机身、屏幕、操作键盘三个部分的图形全部编组，然后组合在一起，最终的黑色机身的ipod产品二维效果图就绘制完成了，如图7-103所示。

（18）使用同样的方法再绘制一个白色机身的ipod，效果如图7-104所示。

图7-102　屏幕的效果　　　图7-103　ipod最终效果　　　图7-104　两部ipod的产品二维效果图

（19）绘制产品的反射渐变效果。首先使用【选择工具】全部选择两部ipod产品图形，然后在工具箱中选择【镜像工具】将两部ipod产品图形在水平的方向进行镜像复制，效果如图7-105所示。

（20）使用【矩形工具】在两个镜像复制出来的产品图形的上方绘制一个略微大一些的矩形，并为该矩形设计线性渐变效果。然后使用【选择工具】将这三个图形全部选择。在【透明度】面板中单击黑色的小三角，在弹出的菜单中选择【建立不透明蒙版】命令，如图 7-106 所示。

（21）应用【建立不透明蒙版】命令以后，就可以发现出现了蒙版所产生的渐变效果，但是当前的效果是相反的，所以我们要在【透明度】面板中勾选【反相蒙版】选项，即可得到正确的蒙版渐变的效果，如图7-107所示。

（22）最后可以使用【钢笔工具】以及基本的绘图工具制作出该产品的公司标志，最后使用【文字工具】创建出简洁的广告语。本实例的最终效果如图7-108所示。

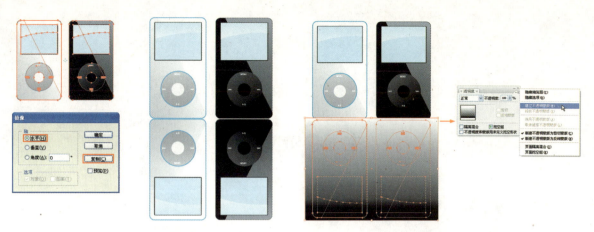

图7-105 镜像复制产品图形　　　图7-106 为图形建立不透明蒙版

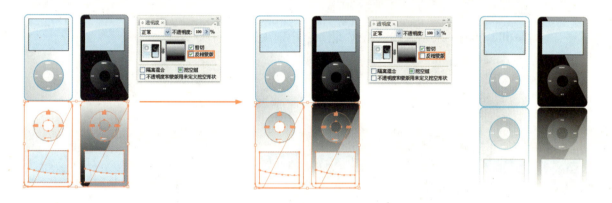

图7-107 蒙版产生的渐变效果

7.4 本章小结

通过本章的学习可以使读者了解与掌握Illustrator中各类作品的创作方法与具体的制作思路。Illustrator是一款应用性很强的软件,但是对于每一类具体的设计项目,其用法与制作流程却各有不同。读者在实际的学习与应用时,特别应注重总结自己的制作方法与技巧,全面地提高Illustrator整体的绘制能力,做到在灵活应用的同时,又能不断地扩展其应用的领域以及范围。

图7-108 本实例最终效果

主要参考文献

1. 严磊,周燕华,孙文顺. 从设计到印刷 Illustrator CS2/CS3设计师必读. 北京:科学教育出版社,2008.
2. 王静. Illustrator CS3从入门到精通. 北京:中国铁道出版社,2008.